Noureddine Ferhoune

Étude Du Comportement Des Poteaux mixtes

Noureddine Ferhoune

Étude Du Comportement Des Poteaux mixtes

Cas des poteaux rectangulaire

Presses Académiques Francophones

Impressum / Mentions légales

Bibliografische Information der Deutschen Nationalbibliothek: Die Deutsche Nationalbibliothek verzeichnet diese Publikation in der Deutschen Nationalbibliografie; detaillierte bibliografische Daten sind im Internet über http://dnb.d-nb.de abrufbar.
Alle in diesem Buch genannten Marken und Produktnamen unterliegen warenzeichen-, marken- oder patentrechtlichem Schutz bzw. sind Warenzeichen oder eingetragene Warenzeichen der jeweiligen Inhaber. Die Wiedergabe von Marken, Produktnamen, Gebrauchsnamen, Handelsnamen, Warenbezeichnungen u.s.w. in diesem Werk berechtigt auch ohne besondere Kennzeichnung nicht zu der Annahme, dass solche Namen im Sinne der Warenzeichen- und Markenschutzgesetzgebung als frei zu betrachten wären und daher von jedermann benutzt werden dürften.

Information bibliographique publiée par la Deutsche Nationalbibliothek: La Deutsche Nationalbibliothek inscrit cette publication à la Deutsche Nationalbibliografie; des données bibliographiques détaillées sont disponibles sur internet à l'adresse http://dnb.d-nb.de.
Toutes marques et noms de produits mentionnés dans ce livre demeurent sous la protection des marques, des marques déposées et des brevets, et sont des marques ou des marques déposées de leurs détenteurs respectifs. L'utilisation des marques, noms de produits, noms communs, noms commerciaux, descriptions de produits, etc, même sans qu'ils soient mentionnés de façon particulière dans ce livre ne signifie en aucune façon que ces noms peuvent être utilisés sans restriction à l'égard de la législation pour la protection des marques et des marques déposées et pourraient donc être utilisés par quiconque.

Coverbild / Photo de couverture: www.ingimage.com

Verlag / Editeur:
Presses Académiques Francophones
ist ein Imprint der / est une marque déposée de
OmniScriptum GmbH & Co. KG
Heinrich-Böcking-Str. 6-8, 66121 Saarbrücken, Deutschland / Allemagne
Email: info@presses-academiques.com

Herstellung: siehe letzte Seite /
Impression: voir la dernière page
ISBN: 978-3-8381-4608-9

Zugl. / Agréé par: Annaba, Université badji mokhtar, 2013

TITRE
Etude Du Comportement Des Poteaux Mixtes
Cas des poteaux rectangulaire

SOMMAIRE

INTRODUCTION GENERALE   06

QUELQUES REVUES DE RECHERCHE   06

PARTIE A

CHAPITRE I

I. LES POTEAUX EN PROFIL METALLIQUE ET MIXTES   13

I.1. Description technologique   13

I.2. Comportement des pièces comprimées courtes   13

I.3. Effets des contraintes résiduelles   16

I.4. Comportement mécanique des poteaux moyennement ou fortement 17
élancés

I.5. Différence de comportement en fonction de l'élancement   22

I.6. Relation Moment - Charge Axial – Courbure (M-P-Φ)   23

I. 7 LES POTEAUX MIXTE ACIER – BETON   30

I.7.1. Définitions et différents types de poteaux mixtes   30

I.7.2 Méthode de calcul   32

I.7.3 Méthode simplifiée appliquée au calcul des poteaux mixtes soumis à 39
la compression et flexion combinées

I.7.4 Analyse de la distribution des moments fléchissant dans la structure 40

I.7.5 Résistance des poteaux mixtes à la compression et à la flexion uni 41
axiale combinées

I.7.6 Compression et flexion bi axiale combinées   42

CHAPITRE II

II. THEORIE DES COQUES ET SOLIDES EN ANALYSE LINEAIRE   45

II.1 Théorie des coques en analyse linéaire   45

II.2 Hypothèses de LOVE - KIRCHHOFF   47

II.3 Théorie des coques et états de contrainte   48

II.4 Etat membranaire   54

II.5 l'Elément coque plane produit de la superposition plaque – membrane 57

CHAPITRE III

III. METHODE NUMERIQUE DE RESOLUTION DES SYSTEMES   61
NON LINEAIRES

III. 1 Les méthodes de résolutions incrémentales des problèmes non   61
linéaires

III.2 Prédiction – Correction pour la résolution des problèmes non   64
linéaires

III.3 Procédure de résolution de NEWTON - RAPHSON   66

III.4 Méthode des contraintes initiales pour les problèmes élasto –   73
plastique

III.4 Critères de convergences   77

PARTIE B

CHAPITRE IV

IV.1 VALIDATION NUMERIQUE   79

IV.1 Propriétés matérielles et modèles constitutifs   79

IV.2. Modélisation   87

IV.3. Présentation de logiciel ABAQUS   88

IV.4. Résultats   90

DISCUSSION   123

CONCLUSION GENERALE   140

RECOMMANDATIONS   141

NOTATION

σ_a Contrainte dans l'acier

σ_b Contrainte dans le béton

ε_L Déformation longitudinale

ε_T Déformation transversale

N_{cr} Charge critique d'Euler

f_y Contrainte d'écoulement de l'acier

σ_{b28} Contrainte dans le béton a 28 jours

E Module de Young

σ_{ri} Contrainte résiduelle

N_{pl} Force de plastification

λ Elancement d'un élément

$\overline{\lambda}$ Elancement réduit d'un élément

$N_{b.Rd}$ Résistance d'un élément susceptible de flamber par flexion

A_{eff} Section effective

h, b, t Hauteur, largeur et épaisseur d'une section

M, P, Φ Moment, charge et courbure d'une section

i Rayon de giration d'une section

M_p Moment plastique d'une section

δ Rapport de contribution de l'acier

$N_{pl.Rd}$ Résistance d'une section transversale sous une charge axiale de compression

A_a, A_c, A_s Les aires des sections transversales de l'acier de construction, du béton et de l'armature

f_{ck} Résistance en compression du béton

f_{sk} Contrainte d'écoulement dans les armatures

I_a, I_c, I_s Les moments d'inertie de flexion pour le plan de flexion considéré de l'acier de construction, du béton et de l'armature

E_{cm} Module sécant du béton

f'_{cc} et ε_{cc} Désignent respectivement la résistance maximale et la déformation correspondante sous l'action d'une pression hydrostatique latérale

f'_{co} et ε_{co} Désignent respectivement la résistance du béton non confiné et la déformation correspondante

L_p Longueur de confinement

σ_{oct} Contrainte octaédrique

J_1, J_2, J_3 Invariants du déviateur

CP Coefficient de passage

P_{max} Charge maximale de compression atteinte par une éprouvette

μs Micro strain

(ξ, η) Coordonnées curvilignes

(X, Y, Z) Coordonnées cartésiennes

$\vec{U}(x, y, z)$ Champ de déplacement

$\vec{n}$ Vecteur normal

t Temps

ε_{CAUCHY} Tenseur linéaire de déformation de Cauchy

ε_x, ε_y, ε_z Déformation selon X, Y, Z

σ_x, σ_y, σ_z Contrainte selon X, Y, Z

INTRODUCTION GENERALE

Dans une construction, les colonnes ne constituent qu'une minime partie de volume bâti, elles sont cependant les éléments principaux qui assurent la stabilité de la construction. Par définition, la colonne composée en acier - béton est une membrure en acier avec un noyau du béton résistant à la compression.

A l'époque le béton est utilisé comme moyen de protection des colonnes métalliques, protection contre la corrosion interne des profils creux ou protection contre l'incendie sous forme d'enrobage des profils ouverts (I et H), dont la participation du béton à la résistance statique de la colonne n'était pas prise en considération. Ces dernier temps les colonnes en profil creux remplies du béton sont de plus en plus utilisés pour les structures des différents ouvrages en génie civil et largement répandues dans beaucoup de pays, étant donné qu'elles sont d'une très grande efficacité mécanique et économique. C'est pourquoi le problème du comportement de ces colonnes a fait l'objet de plusieurs études dans différent pays, et attirera l'attention de nombreux chercheurs.

QUELQUES REVUES DE RECHERCHE

L'utilisation du procédé des colonnes mixtes composées d'acier et de béton est de plus en plus utilisée dans différentes structures. Ce procédé de construction composé attira l'attention d'un certain nombre de chercheurs et dés 1908 des essais ont été entrepris par SWELL et BIRR, ces essais ont permit de conclure d'une façon très positive à propos de l'association profil métallique et béton. [1]

En 1989. J.ZEGHICHE et H.KHALIL ont effectués des travaux de recherche sur le comportement des poteaux rectangulaires en acier rempli de béton. Dans ce travail sept éprouvettes en acier de section rectangulaire rempli de béton sont testées, la hauteur des poteaux testés est de 3 m pour représenter typiquement la hauteur réelle des poteaux des bâtiments a multi étages. La section de l'acier est 120×80×5 mm, les éprouvettes sont testées à la compression sous une charge axiale et excentrique, les résultats obtenus expérimentalement sont comparés aux prédictions données par la méthode des éléments finis et par le règlement BS5400 (British Standard). [2]

En 1990 H.S.KHALIL et M.MOULI ont effectués une comparaison de la capacité portante des profils rectangulaire en acier rempli de béton prédite par le BS5950 et le BS5400. Neuf poteaux de section rectangulaire en acier rempli de béton et neuf autres profils en acier rectangulaire creux sont testés à la compression axiale. Les résultats montrent que la capacité portante des sections rectangulaires en acier rempli de béton augmente considérablement par rapport aux sections vides, le taux d'augmentation varie entre 12⁄. à 65,4⁄. La charge d'écrasement obtenue expérimentalement est plus grande que la charge prédite par le BS5400 et elle diminue avec l'augmentation de l'élancement des poteaux. Pas de signe de flambement local observé pendant les tests. [3]

En 1993. H.S.KHALIL a testé cinquante six poteaux en acier rempli de béton sous l'effet d'une charge d'extraction, cette série de spécimens est composée de section carrée et circulaire. Tous les spécimens ont une hauteur de 450mm, le nombre des éprouvettes est devisé en deux la première série à une section carrée et l'autre est de section circulaire. Les résultats montrent clairement que la forme de la section d'acier à un effet sur la résistance des poteaux ainsi que la manière d'application de la charge sur la section. [4]

En 1994. U.G.L.PRION et J.BOEMME ont effectués des travaux de recherche sur le comportement des poteaux circulaire composés d'acier mince rempli de béton de haute résistance sous l'effet d'un chargement cyclique. Vingt six poteaux en acier de diamètre 152mm et d'épaisseur 17mm rempli de béton à haute résistance (résistance à la compression du béton est entre 73MPa-92MPa) ont été testés. Seulement trois spécimens sont testés au chargement cyclique, les autres spécimens sont testés à la compression axiale, combinaison de charge axiale et flexion pure. Les résultats illustrent le meilleur comportement et la bonne ductilité des poteaux mixtes par rapport aux poteaux fabriqués en béton armé. [5]

En 1995. S.ELTAWIL, C.F.SZPet G.G.DEIRLEIN ont développés un programme machine pour le calcul de la capacité portante des poteaux mixtes (acier - béton) dans le cas de flexion bi axiale, l'implantation de la méthode des éléments finis a fait preuve de sa praticabilité d'employer des programmes non élastiques (non linéaires) pour la simulation de comportement des poteaux. [6]

En 1995 Shan Tong Zhong a conclus que le comportement des poteaux en acier rempli de béton de forme circulaire et rectangulaire sous chargement axiale est meilleur que celui des poteaux de forme rectangulaires et que leurs capacités portantes est plus élevé, ce qui veut dire que ces derniers sont plus économiques et bénéfiques. Par conséquent, ils sont largement adoptés dans les bâtiments, mais dans certains pays développés, les architectes sont prêts à adopter la forme carrée vue des arrangements à l'intérieur des chambres. Dans cette étude, le comportement, les avantages structurale et économiques des poteaux circulaires et rectangulaires rempli de béton sont étudiés en comparent le comportement de ces deux dernier sous l'effet d'une compression uni axial. [7]

En 1996 Amir Mirmiran et Mohsen Shahawy ont conduit une étude sur un nouveau type de poteaux similaires aux précédentes mais cette fois l'acier est remplacé par une coquille plastique renforcé de fibres, la coquille est construite en multi couches renforcée par des fibres longitudinales en sandwich entre deux piles de fibres circonférentielles. L'étude du comportement des nouveaux poteaux est faite par l'élaboration de deux outils d'analyse, un nouveau modèle de confinement passif à l'extérieur des colonnes en béton armé, et un modèle d'action composite qui évalue l'effet de renfort latéral de la veste. Les résultats obtenus ont été comparés à d'autres études récentes. [8]

En 1997. P.R.MUNOZ et C.T.T.HSU ont effectués des essais expérimentaux sur des poteaux en I partiellement enrobés de béton sous l'effet d'un chargement axial et bi axiale. Les paramètres essentiels étudiés sont : la valeur de la charge de compression, l'excentrement de la charge, l'élancement des poteaux, les propriétés différentes de l'acier et de béton, la charge ultime et le mode de flambement. Les résultats expérimentaux sont ensuite comparés à une méthode numérique de prédiction de la capacité portante de ce type de poteaux qui est la méthode de la différence fini, une bonne approche des résultats est obtenue. [9]

V.K.R. Kodur (1998) a conduit un programme expérimental sur le comportement des colonnes en aciers rempli de béton sous chargement de feu. Les colonnes testées ont été remplies de trois types de béton, béton a résistance ordinaire, béton a haute résistance et le béton fibré a haute résistance. L'influence de la qualité de béton de remplissage sur le comportement des colonnes sous le feu est discutée. Ce dernier a conclus que l'addition des fibres en acier dans le béton de haute résistance améliore la résistance au feu et offre une solution économique et sécuritaire pour la résistance des constructions au feu. [10]

En 1999. Y.C.WANG a testé deux séries de poteaux mixtes, huit spécimens en acier rectangulaire rempli de béton et sept de section circulaire, les spécimens ont été testés sous chargement excentrique. L'objet de cette étude est de comparer les résultats expérimentaux avec les prédictions données par l'EUROCODE 4, le BS5400 et le BS5950. Les résultats obtenue montre que les trois règlements donne une bonne concordance des résultats au point du vue capacité portante par rapport aux essais expérimentaux, quoique les prédictions données par le EC4 sont long à déterminer et prend plus de temps par rapport aux deux autres. [11]

En 2000 J F Hajjar a résumé dans sont étude le comportement des poteaux mixtes en acier de forme circulaire et rectangulaire rempli de béton lorsqu'ils sont soumis à une charge de compression axiale, de flexion, de torsion et de séismes. La comparaison de comportement des deux types de poteaux indique que les poteaux de section circulaire ont une meilleure résistance aux sollicitations que celle des poteaux de section rectangulaire est surtout dans le cas de la torsion. Les tubes en acier rempli de béton montrent leurs gains bénéfiques de résistance et leurs meilleures ductilités par rapport aux sections en béton armé. [12]

En 2002 M. Hilmi ACAR a examiné le comportement viscoélastique des piles circulaire en acier rempli de béton soumis à des charges de long terme. Les déformations qui dépendent du temps sont importantes pour la conception de ce type de piles. Afin de déterminer ces déformations, une étude expérimentale est effectuée par ce dernier sur un nombre de pile de taille réelle. Les variations de déformations ont été observées depuis plus de sept mois. Les déformations expérimentales observées ont été comparées aux déformations calculées conformément à la méthode de calcul proposée. Les résultats expérimentaux et les résultats calculés ont montrés une bonne concordance. Un coefficient de fluage a été déterminé pour le comportement à long terme de ce type de poteau. [13]

En 2002 Hsuan-Teh HU, Chiung-Shiann HUANG, Ming-Hsien Wuand Yih-Min WU ont effectués une analyse numérique non linéaire des poteaux en acier rempli de béton en utilisant le programme en élément fini ABAQUS. Trois type de poteaux ont été examiné : poteaux de sections carré, circulaire et carré renforcé par des étais métallique. L'analyse numérique indique que les poteaux circulaires fournis un bon confinement de béton et spécialement quand le rapport diamètre sur l'épaisseur est faible. Par contre les poteaux de section carrée, ces derniers fournissent un confinement faible par rapport à celui des sections circulaires en particulier lorsque le rapport diamètre sur épaisseur est élevé. L'effet de confinement de béton des poteaux de section carré renforcé par des étais métalliques augmente en particulier lorsque l'espacement de ces dernier est petit et leurs nombre est grand. [14]

En 2003 Kefeng Tan, John M. Nichols et Xincheng Pu ont conduit une étude expérimentale sur vingt poteaux en acier rempli de béton de haute résistance testés sous compression axiale en vue de déterminer les propriétés mécaniques de ce type de poteaux. Les poteaux ont un rapport d'élancement sur diamètre égal à 3.5. Les résultats expérimentaux ont montré que les poteaux en acier rempli de béton offre un meilleur confinement de béton et une capacité portante en compression élevée par rapport aux poteaux en béton. L'augmentation de la charge de compression et directement proportionnel a l'indice de confinement. Dans cette étude les auteurs ont examiné la théorie conceptuelle de l'utilisation de ce type de poteaux et présentent la formule utilisée pour calculer la capacité portante de ce type de poteaux. [16]

En 2003 Mohanad Mursi et Brian Uy, M.ASCE ont conduit une étude à la fois expérimentale et théorique sur le comportement des poteaux en acier rempli de béton. Les expériences effectuées montrent que les poteaux en acier mince rempli de béton ont une ductilité et une meilleure résistance que les poteaux en acier et cela et traduit par le retardement de flambent local qui est le problème d'instabilité des poteaux formé d'acier mince. [17]

En 2004 Michel Bruneau et Julia Marson ont examinés et comparés la prédiction de la capacité portante des poteaux mixtes donnée par la norme canadienne CAN/CSA-S16.1-M94 et de l'Eurocode 4 à des données expérimentales. Nouvelle proposition des équations sont ensuite développées par ces derniers, dans un format compatible avec la pratique. Les nouvelles équations, sur la base d'un simple modèle de plasticité corrigée à l'aide des données expérimentales sont développées pour assurer une meilleure corrélation entre la force prédite et expérimentale. [18]

CHENG Xiao-dong, LI Guang-yu et YE Gui-ru (2004)
Cet article propose un modèle basé sur la théorie viscoélastique non - linéaire tridimensionnel en vue d'étudier le comportement au fluage des poteaux en acier rempli de béton. Après l'évaluation des paramètres dans le modèle de fluage proposé, les mesures expérimentales de deux poutres en acier rempli de béton soumis a une force de précontrainte ont été employées pour étudier le phénomène de fluage dans trois poteaux en acier remplis du béton sous chargement axial et excentrique à long terme en utilisant la théorie viscoélastique non - linéaire tridimensionnel. Beaucoup de facteurs (tels que le rapport charge à long terme à la force, l'élancement, le type d'acier et le rapport d'excentricité) ont été considérés pour obtenir la régularité de l'influence du fluage sur les structures en aciers rempli de béton. [19]

En 2004 Julia Marson et Michel Bruneau, M.ASCE ont conduit des essais sur quatre piliers circulaires en acier rempli de béton jointés à une fondation sous chargement cyclique. Le diamètre des colonnes testées est de 324mm et 406 mm, avec un rapport de diamètre sur épaisseur allant de 34 à 64. Les chargements cycliques ont été exécutés pour déterminer la capacité portante maximale et vérifier la ductilité de ces derniers. La ductilité de l'ensemble des colonnes testées a été jugée de bonne qualité, toutes les colonnes testées ont subies un déplacement de 7% avant la perte de leurs stabilité causée par le flambement local, ce qui suggère que le les piles en acier rempli de béton peuvent être efficaces et utilisées comme piles de pont dans les régions sismiques. [20]

En 2005 J.ZEGHICHE et K.CHAOUI ont testé vingt sept spécimens en acier tubulaire rempli de béton, les paramètres étudiés dans cette recherche sont : l'élancement, l'excentricité de la charge et la charge excentrique pour le cas d'une courbure simple ou double et la résistance a la compression de béton. Les résultats des essais ont montrés l'influence de ces paramètres sur la résistance et le comportement des poteaux en acier rempli de béton. Une comparaison est amené entre la charge de rupture donnée expérimentalement et les prédictions de EC4 (partier1.1) a montré une bonne approche des résultats dans le cas de flexion à courbure simple soit sous charge axiale ou excentrique, d'autre part dans le cas des poteaux à double courbure le EC4 donne une charge plus grande ce qui veut dire qu'il y a une sur estimation de la capacité portante et ceci implique que l'EC4 n'est pas du coté de sécurité pour le cas d'une double courbure. [21]

En 2005 CHEN Heng-zhi, LI Hui ont développés une méthode de calcul en vue de détermination de la capacité portante ultime des poutres tubulaires en aciers rempli de béton. L'évaluation de la précision de cette méthode développée et son applicabilité a été validé en la comparons a différentes relations existantes de béton confiné soumis a un chargement uni axial et à des résultats expérimentaux. La comparaison des résultats indique que cette méthode proposée qui utilise la relation contrainte - déformation de béton confiné sous chargement axial peut être utilisée pour le calcul de la résistance ultime et offre une précision satisfaisante dans le cas de ces poutres. Les résultats du calcul sont stables et rarement affectés par des relations constitutives. La méthode est donc utile dans la pratique. Enfin, la résistance ultime d'un arc de pont de 330 m de portée a été examinée par la méthode proposée et le comportement non linéaire a été discuté. [22]

En 2005 Bassam Z. Mahasneh et Emhaidy S. Gharaibeh ont étudiés l'influence des caractéristiques géométriques de la section d'acier ainsi que la qualité de béton de remplissage des poteaux mixtes sur le comportement, le confinement et la capacité portante de ces derniers. Les résultats des essais effectués au laboratoire de plusieurs échantillons testés a la compression axial (poteaux mixtes a différents section d'acier et différents type de béton) sont étudiés. Les essais de compression axiale ont montré que le rapport diamètre – épaisseur des poteaux mixte circulaires et la qualité de béton utilisé pour le remplissage joue un rôle important dans le comportement et la capacité portante de ce type de poteau. [23]

En 2006 D.J. Chaudhary et Vishal C. Shelare ont conduits une étude qui concerne l'évaluation des caractéristiques dynamiques des poteaux en acier rempli de béton utilisés comme arc (nommé CFST) dans la fabrication des ponts de type Bow - String a étais. Le logiciel d'analyse par éléments finis SAP 2000 est utilisé pour mettre en place un environnement en trois dimensions du modèle d'éléments finis des arcs de pont de type Bow - String. La période physique et les modes, sont calculés en utilisant la méthode coefficient quadratique complète (CQC). Sur le tablier de pont analysé, la charge appliquée est une charge ferroviaire. La méthode d'analyse du spectre de réponse est utilisé selon les dispositions figurant dans le code IS 1893 (partie 3). Les résultats du calcul montre que la rigidité verticale du l'arc de pont est plus forte que rigidité latérale sous chargement sismique. La solution de ce problème est d'augmenter la rigidité latérale de l'arc de pont en mettant un fuseau de câbles. [24]

En 2007 N. FERHOUNE et J. ZEGHICHE ont effectués des essais expérimentaux sur 12 éprouvettes en acier laminé à froid de section rectangulaire (100x70x2.5mm) formé en double U soudé d'élancement 200, 300, 400 et 500 mm. Tous les échantillons ont subit un effort de compression axial en utilisant une machine de compression hydraulique d'une capacité de 50tf. Quatre échantillons sont vides, les huit autres éprouvettes sont remplies de béton à base de granulats de laitier cristallisé. La moitié des spécimens remplie sont testés à 28 jours de coulage de béton, l'autre moitié est testée après trois ans de conservation à l'air libre. Les paramètres prisent en compte dans cette étude sont l'élancement et l'âge de béton. Les résultats expérimentaux enregistrés sont ensuite comparés avec ceux calculés par les prédictions de règlement Euro code 3 pour les tubes vides et Euro code 4 pour les tubes pleins. La prédiction donner par l'EC3 surestime la capacité portante des tubes vides de 71% à 79%, par contre l'EC4 donne une bonne concordance des résultats dans le cas des poteaux mixtes. La comparaison des résultats expérimentaux obtenue a 28 jours de coulage de béton et a après 3 ans de sont coulage montre l'influence positive de temps sur la résistance des poteaux courts en acier rempli de béton a base de granulats de laitier. Un programme en fortran est développé en supposant que l'allure de la déformation de l'acier est sinusoïdale afin de valider les résultats expérimentaux a montré sa sur estimation de capacité portante. [26]

En 2008 George D. Hatzigeorgiou a proposé une méthode pour prévoir le comportement et la capacité portant des colonnes circulaires courts en acier rempli de béton sous chargement axiale et moment de flexion. Le comportement de nombreuses colonnes, obtenu expérimentalement par d'autres chercheurs, comparés au modèle numérique proposé par l'auteur a montré la bonne concordance des résultats. Deux nouvelles méthodes simples ont été présentées pour calculer la capacité portante des colonnes circulaires TFC sous chargement axiale. La première méthode examine l'action composée pour ces colonnes, qui est essentielle pour l'évaluation de la capacité portante, alors que le second représente une modification des recommandations d'un code existant de dimensionnement de bâtiment. Plus tard, George a proposé une expression polynomiale simple qui présente la courbe d'interaction force axiale – moment de flexion. [27]

En 2010 Manojkumar V. Chitawadagi & al ont présentés des résultats expérimentaux effectuées sur des poteaux circulaire rempli de béton dont le rapport diamètre / épaisseur est entre 9.4 a 25 et un rapport d'élancement / diamètre qui varie entre 6.25 a 20. Les résultats ont affirmé que la section de tube circulaire en acier a un effet significatif sur la capacité portante que ce soit pour les colonnes court ou élancé. La comparaison des résultats expérimentaux avec ceux prédite par la méthode proposée par Taguchi, a montré une concordance raisonnable des résultats dans le cas des poteaux élancés. Par contre, dans le cas des poteaux courts, une large différence entre les deux résultats est remarquée ce qui veut dire que la méthode proposée par Taguchi nécessite une amélioration. [28]

CONCLUSION

D'une manière générale, la construction mixte ouvre une large porte vers la modernisation et l'industrialisation de la construction. La construction mixte présente un pas en avant dans la construction moderne avec ses avantages. Par cette construction, on peut réaliser des éléments avec une hauteur importante des poteaux et une très grande portée des poutres. Mais cette nouvelle méthode de construction nécessite une précaution supplémentaire au niveau de l'interface acier - béton des éléments mixtes. C'est ainsi que nous avons souhaité étudier les poteaux mixtes. La détermination de la capacité portante de ces derniers et leurs comportement et fortement influencée par différents paramètres qui sont :

- Caractéristiques géométriques de la section [la forme de la section « rectangulaire, carrée, circulaire », dimensions de la section « hauteur, largeur, diamètre, épaisseur, élancement »] ;

- Caractéristiques mécaniques du profil en acier (limite d'élasticité, module de Young, …) ;

- Caractéristiques du béton [type du béton « ordinaire, haute résistance,… », caractéristiques mécaniques « résistance a la compression, module de Young,… »] ;

- Valeur de la charge axiale et sont excentricité (compression axiale, flexion uni axial, flexion bi axial) ;

- Qualité d'adhérence entre l'acier et le béton ;

- Effet des contraintes résiduelles.

CHAPITRE I

LES POTEAUX EN PROFIL METALLIQUE ET MIXTES

I. LES POTEAUX EN PROFIL METALLIQUE

I.1. Description technologique

Les poteaux sont des éléments généralement verticaux et rectilignes destinés à résister à des charges axiales de compression. On les utilise pour supporter les planchers, les toitures, les chemins de roulement de pont roulant…etc, ils permettent de transmettre les actions gravitaires (poids propre, charges permanentes, charge de neige, charge de service…) jusqu'à la fondation.

Le terme poteau comprimé s'applique de manière générale a un élément de structure soumis principalement à des charges axiales de compression. Il recouvre donc la notion de poteau mais il se rapporte plus généralement à l'ensemble des pièces comprimées. Lorsque, outre la charge de compression, une barre est soumise a des moments de flexion significatifs, elle est appelée barre comprimée fléchie c'est le cas d'un montant d'un portique par exemple. **(Construction métallique et mixte acier-béton, EC3 et EC4).**

La capacité des éléments comprimés à transmettre des efforts de compression importants est liée à la valeur élevée du rayon de giration i de leur section transversale dans la direction de flambement considérée. Les tubes circulaires représentent donc une solution optimale dans la mesure où ils permettent de maximiser ce paramètre quelle que soit la direction de flambement. En revanche, leurs assemblages sont couteaux et difficiles a dimensionner. Une autre solution consiste en l'utilisation de sections tubulaires carrées ou rectangulaires. **(Construction métallique et mixte acier-béton, EC3 et EC4).**

I.2. Comportement des pièces comprimées courtes

Ce paragraphe est limité au cas des pièces courtes, soumises à une sollicitation de compression simple. Il s'agit donc de pièces suffisamment peu élancées pour que le flambement ne soit pas à craindre.

a) Comportement en compression d'une barre courte idéale

En l'absence d'un phénomène de voilement local, c'est-à-dire pour des sections transversales de classe 1, 2, 3, une barre courte à axe parfaitement rectiligne et a section uniforme, faite d'un matériau homogène et isotrope, sollicité par une distribution uniforme de contraintes de compression sur sa section transversale (résultante situe au centre de gravité de la section) se comporte pratiquement comme une barre tendue parfaite mais pour des efforts de sens opposée.

Les différentes étapes (phase élastique, phase plastique, écrouissage) sont similaires à celles rencontrées en traction et pour des valeurs pratiquement identiques. C'est pourquoi les caractéristiques mécaniques relatives à la compression (limite d'élasticité f_y, module de Young E et résistance en compression f_u) ne sont généralement pas déduites d'un essai spécifique mais sont prise égales à celles obtenues lors d'un essai de traction. (**Construction métallique et mixte acier-béton, EC3 et EC4**).

b) Cas réel

Dans la pratique, le cas idéal ne se rencontre jamais. D'une part, la mise en charge s'effectue toujours à travers des assemblages ou par contact direct et, d'autre part, les pièces parfaitement rectilignes et parfaitement symétriques n'existent pas. Enfin, il existe toujours des contraintes résiduelles produisant des effets parasites. Il y a donc bien peu de chance que la résultante des actions s'applique effectivement au centre de gravité de la section, par ailleurs, cette dernière ne peut présenter une parfaite symétrie dans sa forme et dans son comportement mécanique. (**Construction métallique et mixte acier-béton, EC3 et EC4**).

I.3. Effets des contraintes résiduelles

Comme dans le cas des pièces tendues, les contraintes résiduelles ne modifient pas l'effort ultime qu'une section est capable de supporter en compression. En revanche elles jouent un rôle sur son comportement mécanique progressif, c'est-à-dire sur l'évolution de plastification à l'intérieur de la section transversale.

Considérons une section en I comportant des contraintes résiduelles dues au laminage par exemple. L'application progressive d'une sollicitation de compression simple laisse apparaître les différentes étapes représentées ci-dessous (Fig I.1):

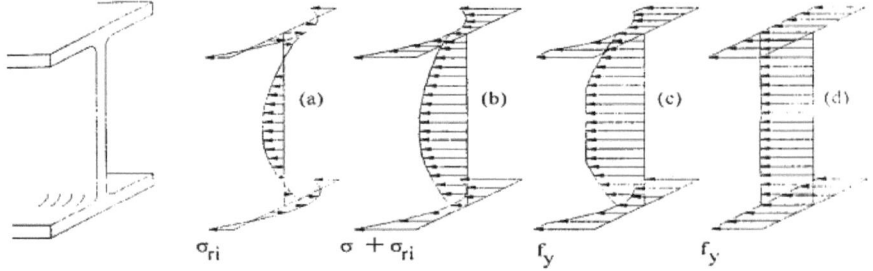

Fig I.1 : Etats de contraintes dans une section comprimée comportant des contraintes résiduelles

L'état de contrainte initial est celui de la figure (a). Chaque fibre i supporte une contrainte résiduelle σ_{ri}. Rappelons que cet état de contrainte est auto équilibrée, c'est à dire que ses résultantes de translation et de rotation autour des axes principaux de section sont nulles.

Lorsqu'une contrainte de compression uniforme σ est ajoutée, l'état d'équilibre correspondant est celui de la figure (b) ; pour chaque fibre i, la contrainte est égale à $\sigma_i = \sigma_{ri} + \sigma$. Une augmentation progressive de contrainte de compression se traduit par un passage par l'étape de la figure (c) pour la quelle certaines fibres s ont plastifiées ($\sigma_i = f_Y$), puis par l'atteinte de la plastification complète de la section représentée à la figure (d). Dans ce cas, chaque fibre de la section transversale a atteint la limite d'élasticité f_Y du matériau. Dés lors, la section n'a en principe plus aucune raideur axiale et la pièce peut se raccourcir sous charge constante. La capacité ultime maximale théorique da la section est bien égale à $N_{pl} = A\, f_Y$ et, comme on peut le constater, elle n'est donc pas affectée par la distribution des contraintes résiduelles.

Toutefois, ces dernières jouent un rôle important sur l'évolution de la plastification de la section en imposant des déformations plus grandes pour atteindre un état élastoplastique donnée sur la figure ci-dessous. De plus, elles modifient significativement la limite de proportionnalité en compression qui se trouve ainsi diminuée par rapport aux résultats des mesures relevées lors d'un essai de traction sur éprouvette normalisée (les dimensions réduites de cette dernière permettent pratiquement de se libérer de l'influence des contraintes résiduelles). **(Construction métallique et mixte acier-béton, EC3 et EC4).**

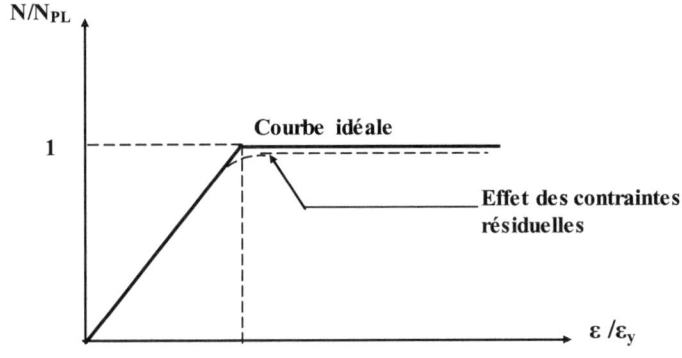

Fig I.2 : Effet des contraintes résiduelles sur les déformations

I.4. Comportement mécanique des poteaux moyennement ou fortement élancés

a) Comportement d'un poteau idéal sous compression seule

Pour une pièce idéale a axe rectiligne et section uniforme, parfaitement homogène, soumise a une action de compression parfaitement centrée, le flambage par flexion se développe dans un plan donnée lorsque la force de compression atteint la force critique d'Euler, N_{cr}, qui s'écrit : $N_{cr} = \pi^2\, EI\, /\ell^2$. Où ℓ est la longueur critique de flambement dans le plan considéré et I l'inertie de la section autour de l'axe de flambement par flexion considéré. En devisant cette expression par l'effort axial de plastification de la section transversale $N_{pl} = A f_Y$, on obtient :

$$N_{cr} / N_{pl} = (\pi^2 \ EI) / (\ell^2 A \ f_Y) \ldots \ (01)$$

Enfin, en introduisant le rayon de giration de la section, $i^2 = I / A$, et l'élancement de l'élément, $\lambda = l / i$, cette expression devient :

$$N_{cr} / N_{pl} = (\pi^2 \ Ei^2) / (\ell^2 \ f_Y) = (\pi^2 \ E) / (\lambda^2 \ f_Y) \ \ldots \ (02)$$

On peut donc remarquer que pour une nuance d'acier donnée (f_Y fixé), le terme le plus déterminant d'une étude de flambement c'est bien l'élancement de la barre.
Si l'on pose $\lambda_1 = \pi \sqrt{E} / f_Y$, constante dépendant du matériau, et $\overline{\lambda}$, élancement réduit sera :

$$\overline{\lambda} = \lambda / \lambda_1 \ \ldots \ (03)$$

Il vient :

$$N_{cr} / N_{pl} = (1 / \overline{\lambda}) \ \ldots \ (04)$$

L'élancement de référence λ_1 est donc celui d'une pièce idéale dont la charge critique de flambement par flexion serait égale a l'effort normal de plastification ($N_{cr} = N_{pl}$, soit : $\pi^2 \ E / \lambda_1^2 = f_Y$).

En représentant la relation (04) sur un diagramme non dimensionnel ($\overline{\lambda}$, $\chi = N/N_{pl}$) nous obtenons la figure présentée ci après :

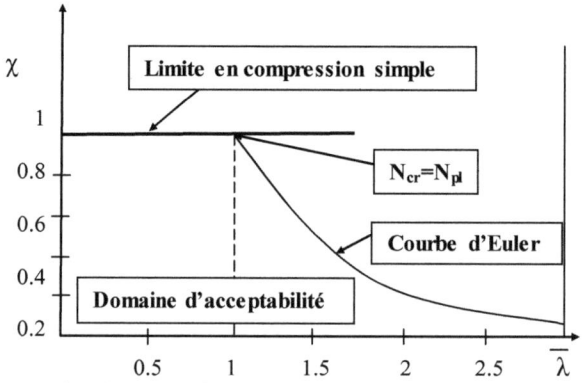

Fig I.3 : Domaine d'acceptabilité d'un poteau idéal

Si l'on ajoute la droite définissant la limite de résistance en compression simple (N=N_{pl} , soit χ =1), apparaît une zone d'acceptabilité dans la quelle la stabilité au flambement est assurée et ou le poteau n'a pas atteint son état ultime de compression. Comme nous l'avons remarqué dans le paragraphe précédant, le point commun aux deux courbes, pour lequel nous avons N_{cr} = N_{pl} , est le point remarquable. Il correspond à la valeur λ= 1 (soit λ= $λ_1$), c'est-à-dire le plus grand élancement pour lequel la section transversale du poteau idéal est utilisée au maximum de sa capacité de résistance. **(Construction métallique et mixte acier-béton, EC3 et EC4)**

b) Comportement d'un poteau réel sous compression seule

La différence entre le comportement d'un poteau idéal et celui d'un poteau réel est due à la présence de divers phénomènes ou imperfections : défaut de rectitude, contraintes résiduelles, excentricités des charges appliquées et écrouissage. Ceux-ci affectent tous plus ou moins le flambement et, par conséquent, ils influent sur la capacité portante du poteau. Les études expérimentales effectuées sur des poteaux réels fournissent des résultats du type de ceux reportés sur la figure3.4 présenté ci après :

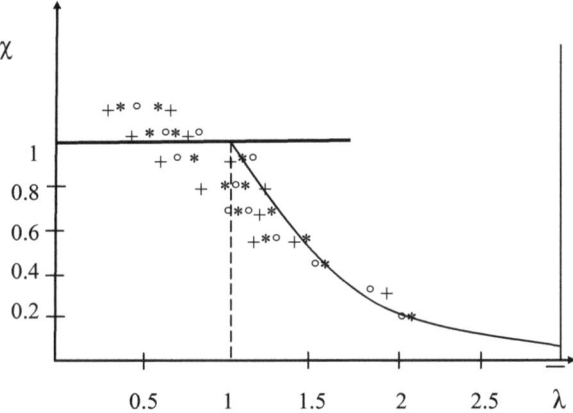

Fig I.4: Position des points expérimentaux
représentatifs d'essais sur poteaux réels

L'examen de cette figure (I.4) appelle quelques remarques. La première concerne les points situés au dessus de la droite χ =1. Il représente l'influence de l'écrouissage sur des éléments assez peu sensible au flambement dont la résistance est supérieure à l'effort axial théorique de plastification de la section N_{pl} (qui est, rappelons-le, une valeur caractéristique). L'effet favorable de l'écrouissage compense donc largement l'effet défavorable des imperfections structurales (contraintes résiduelles) et géométriques (défauts de rectitude). La seconde concerne le domaine des grands élancements. Dans cette zone, la barre flambe pour ainsi dire élastiquement et les points expérimentaux sont situés très prés de la courbe d'Euler. La troisième

19

concerne le domaine des élancements intermédiaires (0.3< λ<1.2). Pour ces valeurs, l'interaction entre l'instabilité et la plasticité est la plus forte. C'est donc dans cette zone, qui couvre la plupart des poteaux utilisés en pratique, que l'effet des imperfections structurales et géométriques est le plus significatif. L'écart maximal est situé aux environs de λ=1. **(Construction métallique et mixte acier-béton, EC3 et EC4)**

c) Résistance au flambement par flexion au sens de l'Eurocode 3

Au sens de l'Eurocode 3, la résistance d'un élément susceptible de flamber par flexion s'écrit :

$$N_{b.Rd} = \chi\,\beta_A A\,f_Y\,/\,\gamma_{M1} \ \dots\dots\dots (05)$$

Avec β_A=1 pour les sections transversales de classe 1, 2 ou 3 et β_A=A_{eff} / A pour les sections transversales de classe 4.

Le coefficient χ utilisé précédemment (χ = N / N_{pl}) , est destiné à réduire la capacité portante de l'élément afin de prendre en compte le phénomène de flambement. Il s'écrit :

$$\chi = \frac{1}{\phi + \left[\phi^2 - \overline{\lambda}^2\right]^{1/2}} \leq 1 \qquad \text{Avec} \quad \phi = 0.5\left[1 + \alpha\left(\overline{\lambda} - 0.2\right) + \overline{\lambda}^2\right] \ \dots\dots\dots\dots\dots(6)$$

Les courbes représentatives de l'évolution de χ en fonction de $\overline{\lambda}$ sont appelées « courbes de flambement ». Les différents types de sections rencontrées dans la pratique présentent des imperfections de nature et d'intensité différentes. Les effets de ces imperfections sur la capacité portante dépendent de la forme de la section transversale (I ou H, section tubulaires, caissons), des rapports de dimensions (massivité), de l'épaisseur des parois et de mode de fabrication des éléments (laminés à chaud ou à froid, soudés). Ils varient également en fonction de l'axe autour duquel se développe le flambement. Tous ces paramètres conduisent à des distributions de contraintes résiduelles de forme et d'intensité différentes et a des défauts de rectitude plus ou moins importants. Ils sont pris en compte à l'aide du facteur d'imperfection α qui croit avec l'intensité des défauts.

Il n'est donc pas possible, sous peine d'être indûment pénalisant, de traiter l'ensemble des types de sections à l'aide d'une même règle de calcul. La CECM a classé les sections en quatre groupes, ce qui justifie l'adoption de quatre valeurs de α (tab 1) qui conduisent a quatre courbe de flambement (a, b, c, d), représentées sur le tableau suivante :

Tab1.Valeur du facteur d'imperfection α pour les 4 courbes de flambement

Courbe de flambement	a	b	C	d
α	0.21	0.34	0.49	0.76

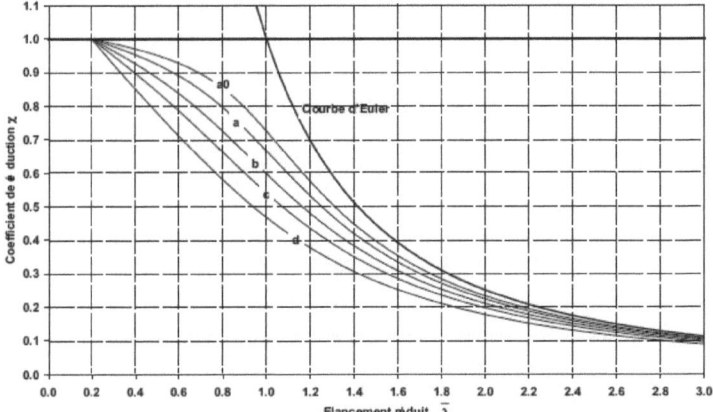

Fig I.5: Courbe de flambement

L'Eurocode 3 fournit les particularités de ces courbes décrites ci-après :

- La courbe a correspond aux profilés comportant très peu d'imperfections. Il s'agit des sections laminées en I (h / b >1.2) à ailes peu épaisses ($t_f \leq$ 40mm) lorsque le flambement se développe autour de l'axe fort y-y. elle s'applique également aux profils laminés à chaud de forme tubulaire.

- La courbe b concerne les profilés possédant un degré moyen d'imperfections. Elle représente le comportement de la plupart des caissons soudés mais aussi celui des profilés laminés en I qui flambent par flexion autour de l'axe faible z-z si h / b >1.2 et $t_f \leq$ 40mm. Elle s'applique également aux profilés soudés en I à ailes peu épaisses $t_f \leq$ 40mm et aux profilés laminés en I a épaisseur d'aile moyenne (40mm≤$t_f \leq$ 100mm) lorsqu'ils flambent par flexion autour de l'axe fort. Enfin, elle concerne les profils tubulaires formés à froid lorsque la limite d'élasticité considérée est celle de la tôle mère.

- La courbe c est relative aux profilés possédant d'importantes imperfections. Elle concerne les profilés en U, les cornières et les tés ainsi que les sections soudées en caisson à soudures épaisses. Les sections tubulaires formées a froid dimensionnées sur la base de la limite d'élasticité moyenne de l'élément après formage, les sections laminées en H ($h/b \leq 1.2$ et $t_f \leq 100mm$) ou en I ($h/b > 1.2$ et $40mm \leq t_f \leq 100mm$) risquant de flamber autour de l'axe faible ainsi que certaines sections soudées en I ($t_f \leq 40mm$, flambement autour de l'axe faible et $t_f > 40mm$, flambe autour de l'axe fort) font également partie de cette catégorie.

- Enfin, la courbe d s'applique aux profilés dont les imperfections sont extrêmement importantes. Elle doit être utilisée pour tous les profilés laminés en I a ailes très épaisses ($h/b \leq 1.2$ et $t_f > 100mm$). Elle s'applique également aux profilés soudés en I a ailes épaisses ($t_f > 40mm$) si le flambement se produit autour de l'axe faible.

Il faut signaler que ces courbes sont fondées sur les hypothèses suivantes :

- Les barres sont a section constante et sont articulées a leurs extrémités ;
- L'effort axial est constant et appliqué aux extrémités de l'élément ;
- Le voilement local est empêché.

I.5. Différence de comportement en fonction de l'élancement

A la lecture des courbes de flambement, les poteaux peuvent être respectivement qualifiés de massifs (courtes), de moyennement ou de fortement élancés.

a) Poteaux courts (massifs)

Il s'agit des poteaux possédant un élancement réduit tel que $\overline{\lambda} \leq 0.2$. Pour ces éléments, le risque de flambement n'est pas à craindre. Ils sont associés à une valeur du coefficient de réduction $\chi = 1$ et seule la résistance de la section transversale doit être vérifiée. Cette gamme d'élancement correspond au plateau des quatre courbes (a, b, c et d). **(Construction métallique et mixte acier-béton, EC3 et EC4)**

b) Poteaux élancés

Un poteau est considéré comme élancé si son élancement est supérieur à celui correspondant sensiblement au point d'inflexion de la courbe de flambement. L'effort axial ultime de ruine de ces éléments est proche de l'effort axial critique eulérien N_{cr}. Celui-ci est indépendant de la limite d'élasticité et ces poteaux sont fréquemment dimensionnés sur la base de l'élancement $\lambda = \sqrt{A\ell^2/I}$, caractéristique géométrique indépendante de la résistance de la section transversale.

Etant très sensibles au flambement, les barres très élancées possèdent une faible capacité de résistance à la compression. C'est pourquoi, dans les systèmes de contreventement en croix qui comportent une diagonale comprimée associée à une diagonale tendue, on considère en générale que seule cette dernière résiste, la participation de l'élément comprimée étant négligée. **(Construction métallique et mixte acier-béton, EC3 et EC4)**

c) Poteaux d'élancement intermédiaire

Les poteaux d'élancement intermédiaire (moyen) sont ceux qui s'écartent le plus de la théorie d'Euler car ils présentent un comportement élastoplastique. Lorsque le flambement survient, la limite d'élasticité est déjà atteinte dans certaines fibres et la charge ultime ne dépend plus exclusivement de l'élancement. Plus il y a d'imperfections, plus la différence entre les comportements réel et théorie est importante. C'est donc pour ce type d'élément que les défauts de rectitude et les contraintes résiduelles présentent l'effet le plus significatif.

Il est à noter que la réduction la plus importante par rapport à la courbe d'Euler apparaît aux alentours de l'élancement $\lambda = 1$. C'est en effet la zone où l'interaction entre la résistance plastique et l'influence du flambement est la plus forte. **(Construction métallique et mixte acier-béton, EC3 et EC4)**

I.6. Relation Moment - Charge Axial – Courbure (M-P-Φ)

Le premier point de départ de l'analyse rigoureuse de comportement d'un poteau se dérive de la relation qui existe entre moment, charge axiale et courbure (M-P-Φ), au moment que cette relation est obtenue, on peut gouverner les différentes équations qui peuvent formuler les problèmes de comportement des poteaux. La relation (M-P-Φ) dépend de la forme de la section, du nombre des matériaux utilisées et leur distribution, ainsi bien que de la loi de comportement (contrainte - déformation) de chaque matériau. Cette relation est aussi influencée par la présence de contraintes résiduelles. **(W. F. Chen, D. J. Han, Tubular members in offshore structures, Pitman Advanced Publishing)**

Soit la section tubulaire représenter dans la figure (I.6) suivante :

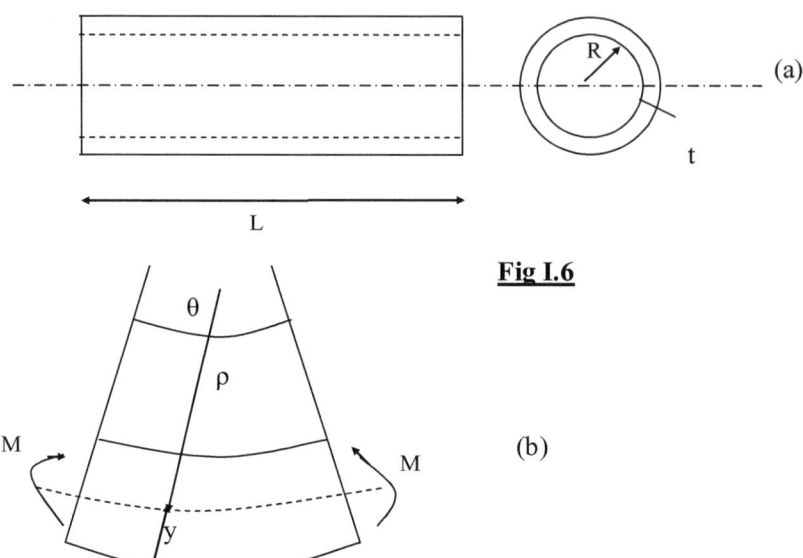

(a)

Fig I.6

(b)

De segment (b) on peut tirer :

$$\theta = L / \rho \ , \ \Phi = 1 / \rho \ \ \dots\dots\dots\dots\dots\dots\dots\dots\dots \ (07)$$

$$\xi = \Delta L / L = [(\rho + y)\theta - L] / L = \theta_y / L = \Phi_y \ \dots\dots \ (08)$$

La courbure peut atteindre les fibres extrêmes pour $y = \pm R$, donc l'équation (08) sera :

$$\Phi_y = \xi_y / R \ \dots\dots\dots\dots\dots\dots\dots\dots \ (09)$$

A cet état la section sera classifiée en deux régimes :

Régime élastique pour $\Phi \le \Phi_y$

Régime élastoplastique pour : $\Phi > \Phi_y$

La figure (I.7) illustre ces deux régimes

24

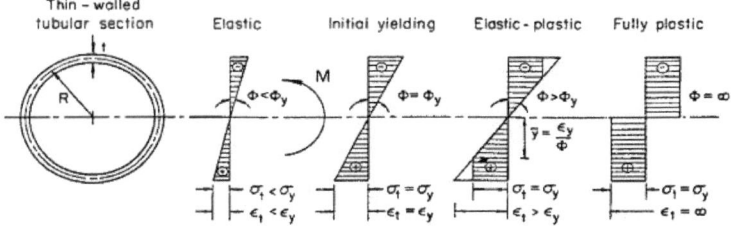

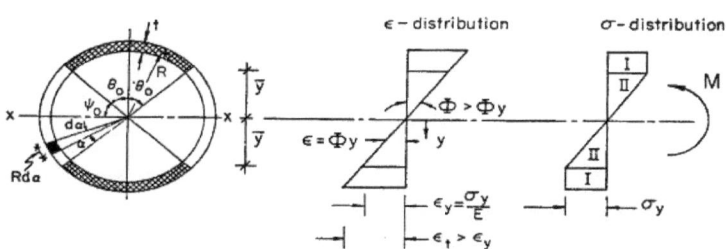

Fig I.7 : Etat des sections tubulaires mince sous flexion pure

Nous avons $\qquad \theta_0 = \cos^{-1}(y' / R)$ .... (10)

$$y' = \pm \xi_y / \Phi \text{ .... (11)}$$

y' : hauteur de la zone élastique
De l'équation (10), (11) et (09) on aura :

$$\theta_0 = \cos^{-1}(\Phi_y / \Phi) \text{ .... (12)}$$

Le moment dans la zone plastique est :

$$M_I = 2\sigma_y [A(I) \, y_0(I)] \text{ .... (13)}$$

D'où : A(I) : surface de zone plastique, $A(I) = 2R \, \theta_0 \, t$

$y_0(I)$: bras de levier, $y_0(I) = (R \sin \theta_0) / \theta_0$

$$M_I = 4\sigma_y \, t \, R^2 \cos\psi_0 \text{ .... (14)}$$

Moment de flexion dans la zone d'écoulement :

$$M_{II} = \sigma_y \, (I_x(el) / y') \quad \ldots\ldots\ldots\ldots\ldots\ldots \quad (15)$$

D'où : $I_x(el)$ moment d'inertie de la partie élastique par rapport a l'axe (x)

Pour les sections tubulaire mince $I_x(el) = 2 \int\limits^{2\psi_0} (Rd\alpha) tR^2 \sin^2 (\psi_0-\alpha)$

On remplaçant $\overline{y} = R\sin\psi_0$ et $I_x(el)$ dans l'équation (15) on trouve

$$M_{II} = \sigma_y \, t \, R^2 \, [(2 \, \psi_0 - \sin \psi_0) / \sin \psi_0] \quad \ldots\ldots \quad (16)$$

Pour $\psi_0 = \pi / 2$, $\quad M_y = \pi \, \sigma_y \, t \, R^2 \quad \ldots\ldots\ldots\ldots\ldots\ldots\ldots (17)$

Pour $\psi_0 = 0$, $\quad M = M_p = 4 \, \sigma_y \, t \, R^2 \quad \ldots\ldots\ldots\ldots\ldots\ldots\ldots (18)$

Le rapport entre le moment plastique et le moment d'écoulement initial M_y est :

$$f = M_p / M_y = 4/\pi = 1.273 \ldots\ldots\ldots\ldots\ldots\ldots (19)$$

Soit $m' = M / M_p$ et $\Phi = \Phi / \Phi_y$ l'équation (12) sera :

$$\theta_0 = \cos^{-1} (1 / \Phi) \quad \ldots\ldots\ldots\ldots\ldots\ldots\ldots \quad (20)$$

$$\psi_0 = \sin^{-1} (1 / \Phi) \quad \ldots\ldots\ldots\ldots\ldots\ldots\ldots \quad (21)$$

Le tableau suivant représente quelque valeur spécifique de Φ, θ_0, m'
Tab.2

Φ	θ_0	M
1.0	0°	0.7854
2.0	60°	0.9566
3.0	70.53°	0.9811
5.0	78.46°	0.9933

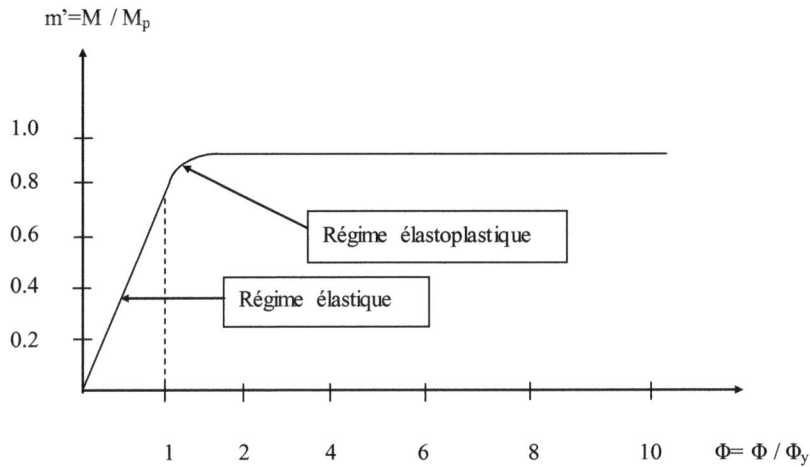

Fig I.8: Relation Moment – Courbure de la section tubulaire mince

Régime élastique pour : $\Phi \leq 1$, m' $= \pi \, \Phi / 4$
Régime élastoplastique pour : $\Phi > 1$, m' $= \Phi /4\{[2 \sin^{-1} (1 / \Phi)]+[2/\Phi^2 \sqrt{(\Phi^2-1)}]\}$

I.6.1. Relation exacte entre M-P-Φ

Si une force axiale P de compression est appliquée sur un poteau de section tubulaire creuse, cette charge cause une contrainte de compression uniforme et un moment de flexion M comme montrer dans la figure (I.9) :

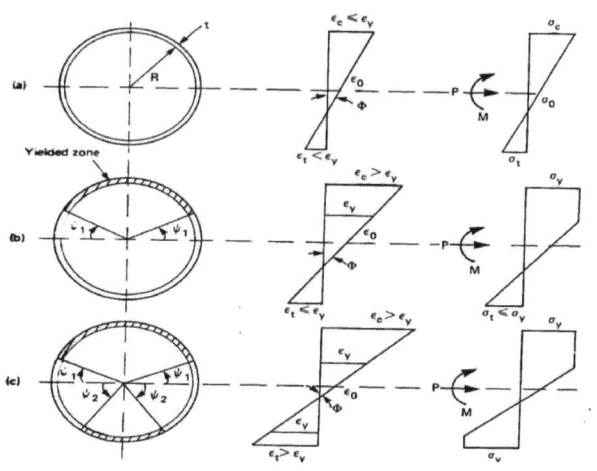

Fig I.9 : Etat des contraintes dans une section tubulaire

Cas (1), fig (a) : état élastique

Cas (2), fig (b) : écoulement dans la zone comprimée seulement (première plastification)

Cas (3), fig (c) : écoulement plastique presque sur toute la section (deuxième plastification)

La courbe suivante illustre les cas précédant :

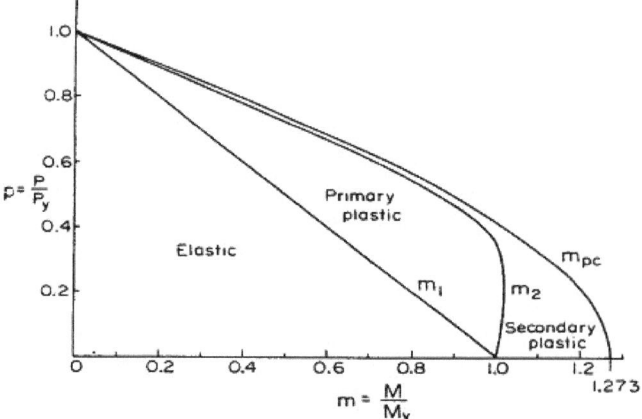

Fig I.10 : Courbe d'interaction pour section tubulaire

D'où : $m_1 = 1-P$ ………………………….. (22)

$m_2 = \Phi_2 [0.5 + (\psi_1/\pi) + (1/\pi)\sin\psi_1 \cos\psi_1]$ … (23)

Avec $\Phi_2 = (\xi_y + \xi_0)/R$, $\psi_1 = \sin^{-1}[(1-\xi_0)/\Phi]$, ξ_0 : déformation au niveau de l'axe centrale.

$m_{Pc} = 4/\pi \sin[\pi/2(1-P)]$ ……………….. ……….. (24)

I.6.2. Relation approximative entre M-P-Φ

Le problème d'analyse des sections tubulaires d'acier peut être simplifié si une expression analytique simple et raisonnable peut formuler approximativement la relation moment - courbure de section tubulaire.

CHEN et ATSUTA (1976) propose une relation approximative de M-P-Φ des sections rectangulaires dans le cas des trois états de contrainte qui sont montrée dans la figure (I.11):

28

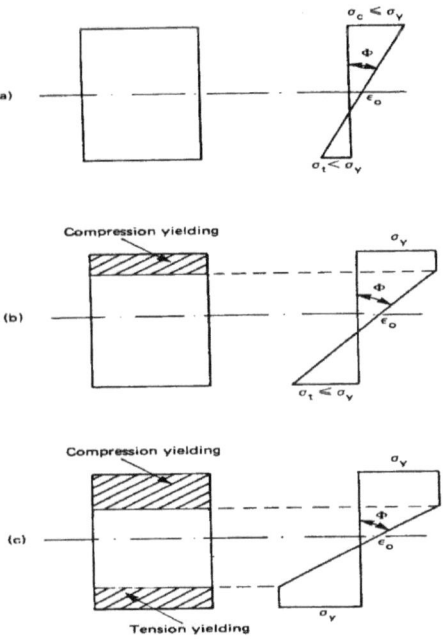

Fig I.11: Etats de plastification d'une section

On peut remarquer que dans l'état (a) état élastique, le moment m est une fonction linéaire de la courbure Φ ; dans l'état d'écoulement plastique dans la zone comprimée (b), le moment m est fonction de l'inverse de la racine carrée de courbure $\Phi^{1/2}$. Dans le troisième état, état d'écoulement combiné (dans les deux zones, comprimée et tendue), le moment m est fonction de Φ^{-2}. **(W. F. Chen, D. J. Han, Tubular members in offshore structures, Pitman Advanced Publishing)**

État élastique (a), $(\Phi \leq \Phi_1)$: m =aΦ ……………. (25)

Avec : a = m_1 / Φ_1

État d'écoulement dans la zone comprimée (b), $(\Phi_1 < \Phi \leq \Phi_2)$:

$$\mathbf{m = b\text{-}(c / \sqrt{\Phi})} \ldots\ldots\ldots\ldots(26)$$
D'où : b = [(m_1 /$\sqrt{\Phi_2}$)-(m_1 /$\sqrt{\Phi_1}$)] / [$\sqrt{\Phi_2}$ - $\sqrt{\Phi_1}$]
    c = [m_2 - m_1] / [(1/$\sqrt{\Phi_1}$)-(1/$\sqrt{\Phi_2}$)]

État d'écoulement combiné (c), $(\Phi > \Phi_2)$:

$$m = m_{Pc} - (f / \Phi^2) \quad \ldots\ldots.. \quad (27)$$

Avec : $f = (m_{Pc} - m_2) / (\Phi_2)^2$

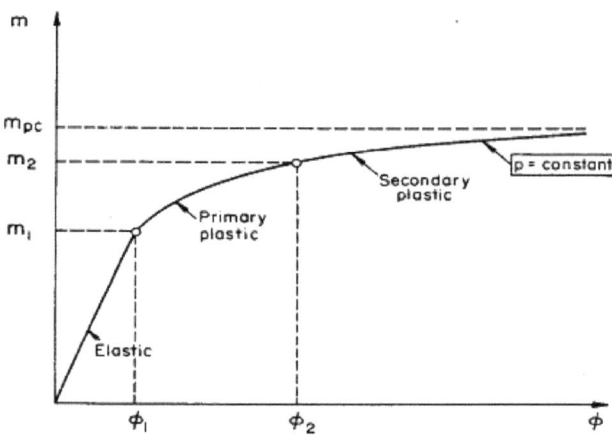

Fig I.12: Relation M-P-Φ pour une section

I.7 LES POTEAUX MIXTE ACIER – BETON

I.7.1. Définitions et différents types de poteaux mixtes

Le terme mixte est utilisé pour designer les éléments de construction composés de plus d'un matériau (association de l'acier et de béton par exemple). Cette combinaison de matériaux porte beaucoup d'acte autant que résistance et économie sont concernées. Les structures réalisées par l'association de l'acier et du béton ont une résistance qui dépend du comportement de ces deux matériaux et de leur interaction. L'acier de construction est caractérisé par sa bonne résistance à la traction et à la compression, alors que le béton se caractérise par une bonne résistance à la compression, mais assez mauvaise en traction. L'emploi simultané des deux matériaux est rendu possible par leur capacité d'adhérence mutuelle qui permet leur travail simultané et doit offrir normalement un meilleur rendement. L'hypothèse sur la qualité de cette adhérence a un rôle important dans les calculs de ce type de structure. L'expérience a prouvé la bonne qualité d'adhérence entre le béton et l'acier (et donc l'absence de glissement relatifs) et par conséquent, les déformations de l'acier ε_a et du béton ε_b sont égales sous une même charge et dans la zone de leur contact.

Les poteaux mixtes sont classés en deux types principaux, les poteaux partiellement ou totalement enrobés de béton et les profils creux remplis de béton. La figure (I.13)

30

présente différents types de poteaux mixtes et les symboles utilisés dans cette rubrique.

a) Les poteaux partiellement enrobés de béton sont des profils en I ou H dont l'espace entre les semelles est rempli de béton. Dans les poteaux totalement enrobés de béton, les semelles et les âmes sont enrobées d'une épaisseur minimale de béton.

b) Les profils creux remplis de béton peuvent être circulaires ou rectangulaires. Le béton confiné à l'intérieur du profil voit sa résistance en compression augmenter, la résistance en compression du poteau augmente également.

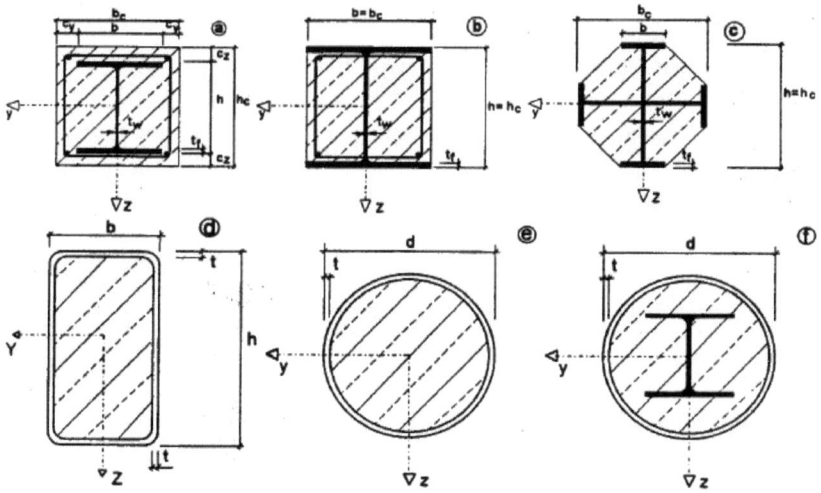

A_a : section de l'acier, A_s : section des armatures, A_c : section du béton.

Fig I.13 : Exemples typiques de sections transversales de poteaux mixtes, avec symboles

Par ailleurs, pour les deux types de poteaux, la résistance vis-à-vis de l'incendie peut être fortement augmentée par rapport à celle des poteaux en acier.

Dans cette rubrique nous ne considérons, suivant l'Eurocode 4, que les poteaux isolés d'une structure rigide, c'est-à-dire que la structure peut être considérée comme à nœuds non déplaçables (effets du second ordre géométrique négligeables).

I.7.2 Méthode de calcul

L'Eurocode 4 présente deux méthodes de dimensionnement :

Une méthode générale qui impose de prendre en compte les effets du second ordre au niveau local de l'élément et les imperfections. Cette méthode peut s'appliquer à des sections de poteaux qui ne sont pas symétriques et à des poteaux de section variable sur leur hauteur. Elle nécessite l'emploi de méthodes de calcul numérique et ne peut être appliquée qu'avec l'utilisation de programmes informatiques.

Une méthode simplifiée utilisant les courbes de flambement européennes des poteaux en acier tenant compte implicitement des imperfections qui affectent ces poteaux. Cette méthode est limitée au calcul des poteaux mixtes de section uniforme sur toute la hauteur et de sections doublement symétriques.

Chacune des deux méthodes est basée sur les hypothèses classiques suivantes:

- Il y a une interaction totale entre la section en acier et la section de béton jusqu'à la ruine;
- Les imperfections géométriques et structurales sont prises en compte dans le calcul;
- Les sections planes restent planes lors de la déformation du poteau.

On développera ici la méthode simplifiée de l'Eurocode 4 - Clause 4.8.3 qui peut s'appliquer à la majorité des cas.

I.7.2.1 Voilement local des parois des éléments structuraux en acier

La présence du béton dans les profils totalement enrobés annule le danger d'instabilité par voilement local des parois en acier si l'épaisseur d'enrobage de béton est suffisante. Elle ne peut être inférieure au maximum des deux valeurs suivantes, à savoir 40 mm et 1/6 de la largeur b d'une semelle. Cet enrobage est prévu pour prévenir tout éclatement prématuré du béton et doit être armé transversalement. Pour les autres types de poteaux mixtes, poteaux partiellement enrobés et profils creux, les élancements des parois de la section en acier ne doivent pas dépasser les valeurs suivantes:

- Pour les profils creux circulaires : $\dfrac{d}{t} \leq 90\varepsilon^2$ .... (28)

- Pour les profils creux rectangulaires : $\dfrac{h}{t} \leq 52\varepsilon$ .... (29)

- Pour les profils I partiellement enrobés : $\dfrac{b}{t_f} \leq 44\varepsilon$ .... (30)

- Avec : $\varepsilon = \sqrt{\dfrac{235}{f_y}}$

- f_y : limite d'élasticité de l'acier en N/mm² ;
- d : est le diamètre extérieur d'un profil creux rond en acier ;
- h : la plus grande dimension hors tout de la section parallèle à un axe principal ;
- t : l'épaisseur de la paroi d'un profil creux rempli de béton,
- t_f et b épaisseurs et largeur hors tout de la semelle d'un profil en acier en I ou similaire.

I.7.2.1 Cisaillement entre les composants acier et béton (assemblage poteau/poutre)

Les sollicitations provenant des assemblages doivent être réparties entre les parties acier et béton d'un poteau mixte. Le transfert des sollicitations dépend du type d'assemblage utilisé et s'effectue suivant un trajet qui doit être clairement défini. La longueur de transfert p sera prise inférieure à deux fois la dimension transversale appropriée (voir ci après). Pour les calculs, la résistance au cisaillement à l'interface entre l'acier et le béton ne sera pas supérieure aux valeurs suivantes:
- 0,6 N/mm2 pour les profils complètement enrobés de béton;
- 0,4 N/mm2 pour les profils creux remplis de béton;
- 0,2 N/mm2 pour les semelles de profils partiellement enrobées de béton;
- pour les âmes des profils partiellement enrobés de béton, on considère qu'il n'y a pas de résistance au cisaillement entre l'acier et le béton.

Ces valeurs sont données à titre indicatif. En effet, le mode de conception de l'assemblage poutre - poteau influe grandement sur la valeur résistante de la contrainte de cisaillement. Les effets d'auto frettage, de confinement et de frottement sont intimement liés au type d'assemblage utilisé.
Les figures ci-dessous illustrent quelques cas d'assemblages et définissent la longueur de transfert p à prendre en compte lorsque cela s'impose.

Remarquons que la sollicitation à transmettre le long de la longueur de transfert n'est pas l'ensemble de la sollicitation agissant sur l'assemblage mais bien la part de cette sollicitation qui devra être transférée au béton. Un assemblage qui permettrait de transférer l'ensemble de la sollicitation à l'acier seul sans ruine doit quand même transmettre une partie de cette sollicitation au béton pour que le poteau mixte joue correctement son rôle.

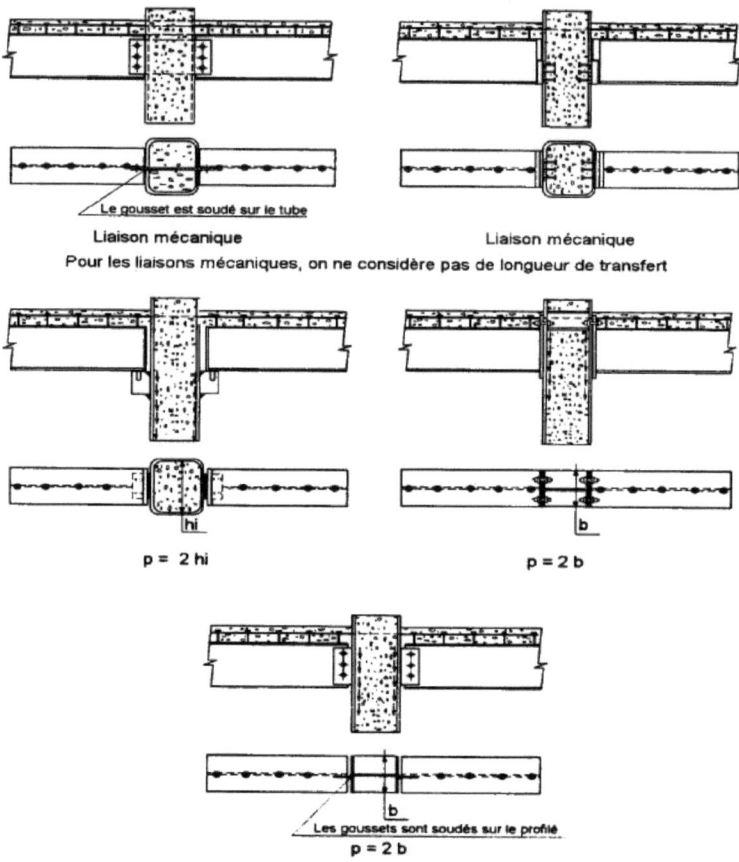

Fig I.14 : Assemblage poutres - poteaux mixtes

Dans le cas particulier d'un poteau mixte avec profil en 1 enrobé de béton, si la résistance naturelle au cisaillement n'est pas suffisante, il est possible d'utiliser des connecteurs de type goujon soudés sur l'âme et de tenir compte en supplément de la résistance P_{Rd} des goujons, d'un frottement entre l'acier et le béton. Ce frottement agissant uniquement sur les faces internes des semelles peut être supposé égal à $\mu P_{Rd}/2$, ù Il est le coefficient de frottement entre l'acier et le béton qui peut être pris en première approche égal à 0,50. Il dépend également du degré de confinement du béton situé entre les semelles du profil et sa prise en compte n'est autorisée que s i la largeur entre les semelles est inférieure aux valeurs données en mm sur la figure I.15. La largeur est fonction du nombre de goujons utilisés.

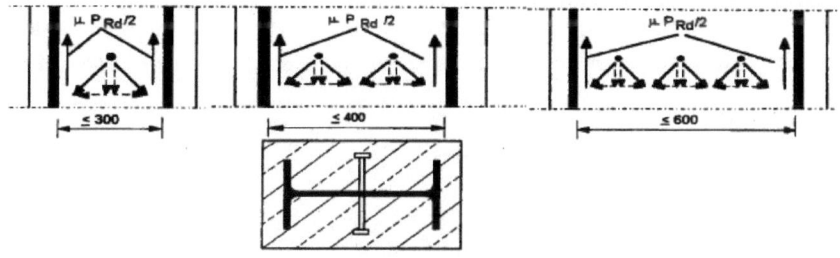

Fig I.15 : Goujons dans les poteaux mixtes

I.7.2.2 Hypothèses et limitations de la méthode simplifiée

L'application de la méthode simplifiée comporte les limitations suivantes:

a) La section transversale du poteau est constante et présente une double symétrie sur toute la hauteur du poteau;
b) Le rapport de contribution de l'acier δ est compris entre 0,2 et 0,9 ;

$$\delta = \frac{A_s \dfrac{f_y}{\gamma_a}}{N_{pl.Rd}} \dots\dots\dots\dots (31)$$

c) L'élancement $\bar{\lambda}$ réduit du poteau ne dépasse pas la valeur 2,0
d) Pour les profilés totalement enrobés, les épaisseurs d'enrobage de béton ne sont pas inférieures aux valeurs suivantes:

- Dans le sens y, $40mm \le c_y \le 0.4b$;
- Dans le sens z, $40mm \le c_z \le 0.3h$;
- La section d'armature sera d'au moins 0.3%.

Il est permis d'utiliser une épaisseur d'enrobage plus importante (pour des raisons de résistance à l'incendie), mais il convient d'ignorer le supplément d'épaisseur pour le calcul;

e) L'aire de la section transversale de l'armature longitudinale pouvant être utilisée dans les calculs ne doit pas dépasser 4% de l'aire du béton. Pour des raisons de résistance à l'incendie, il est quelquefois nécessaire d'inclure des sections d'armature plus importantes que celles indiquées ci-dessus. Il n'en sera pas tenu compte dans le calcul de la résistance.

I.7.2.3 Résistance des sections transversales aux charges axiales

La résistance des sections transversales vis-à-vis des charges axiales de compression est obtenue en additionnant les résistances plastiques de ses éléments constitutifs.

- Pour les éléments enrobés de béton:

$$N_{pl.Rd} = A_a \cdot \frac{f_y}{\gamma_{Ma}} + A_c \cdot 0.85 \cdot \frac{f_{ck}}{\gamma_c} + A_s \cdot \frac{f_{sk}}{\gamma_s}$$ …………… (32)

- Pour les profils creux remplis de béton:

$$N_{pl.Rd} = A_a \cdot \frac{f_y}{\gamma_{Ma}} + A_c \cdot \frac{f_{ck}}{\gamma_c} + A_s \cdot \frac{f_{sk}}{\gamma_s}$$ ………………... (33)

A_a, A_c, et A_s sont les aires des sections transversales de l'acier de construction, du béton et de l'armature.

Pour **les profils creux remplis de béton**, l'augmentation de la résistance du béton résultant du confinement est prise en compte en remplaçant le coefficient 0.85 f_{ck} par f_{ck}.

Pour **les profils creux de sections circulaires remplis de béton**, une autre augmentation de résistance à la compression provient du frettage de la colonne de béton. Elle est réelle que si le béton est correctement fretté par le profil creux, c'est-à-dire si le profil creux en acier est suffisamment rigide pour s'opposer au gonflement du béton comprimé.

Cette augmentation de résistance n'est pas permise pour les profils creux rectangulaires car les côtés droits ne sont pas suffisamment rigides pour s'opposer au gonflement du béton.

Des résultats expérimentaux ont montré que cette augmentation n'est réelle que lorsque l'élancement réduit $\bar{\lambda}$ du profil creux circulaire rempli de béton ne dépasse pas 0.5 et que le plus grand moment fléchissant admis calculé par la théorie du premier ordre, $M_{max,Sd}$ ne dépasse pas $N_{sd}.d/10$, où d représente le diamètre extérieur du poteau et N_{Sd} l'effort de compression sollicitant.

On peut alors calculer la résistance plastique à la compression par la relation:

$$N_{pl.Rd} = A_a \cdot \eta_2 \frac{f_y}{\gamma_{Ma}} + A_c \cdot \frac{f_{ck}}{\gamma_c} \left[1 + \eta_1 \cdot \frac{t}{d} \cdot \frac{f_y}{f_{ck}} \right] + A_s \cdot \frac{f_{sk}}{\gamma_s}$$ ……….. (34)

Où t représente l'épaisseur de la paroi du profil creux en acier. Les coefficients η_1 et η_2 sont définis ci-après pour $0 < e \leq d / 10$.

L'excentrement de chargement e est défini comme $M_{max,Sd} / N_{Sd}$.

$$\eta_1 = \eta_{10} \cdot \left(1 - 10 \cdot \frac{e}{d}\right) \qquad \eta_2 = \eta_{20} + (1 - \eta_{20}) \cdot 10 \cdot \frac{e}{d} \ \ldots\ldots\ldots (35)$$

Pour $e > d/10$, $\eta_1 = 0$ et $\eta_2 = 1.0$, avec :

$$\eta_{10} = 4{,}9 - 18{,}5 \cdot \overline{\lambda} + 17 \cdot \overline{\lambda^2} \quad \text{(mais} \geqslant 0)$$

$$\eta_{20} = 0{,}25 \cdot (3 + 2 \cdot \overline{\lambda}) \qquad \text{(mais} \leqslant 1{,}0)$$

Où l'élancement réduit du poteau mixte doit satisfaire à $\overline{\lambda} \leqslant 0{,}5$.

Les moments sollicitant réduisent la contrainte de compression moyenne dans le poteau et donc l'effet favorable du frettage. Les conditions sur l'excentricité **e** et sur l'élancement réduit traduisent cette restriction.

I.7.2.4 Elancement réduit

La charge élastique critique d'un poteau mixte, N_{cr} est calculée par la formule :

$$N_{cr} = \frac{\pi^2 (E \cdot I)_e}{\ell^2} \ \ldots\ldots\ldots\ldots\ldots\ldots\ldots\ldots (36)$$

$(EI)_e$ est la rigidité du poteau mixte, l est la longueur de flambement du poteau mixte qui, dans le cas où celui-ci est rigide et isolé peut, de manière sécuritaire, être prise égale à sa longueur d'épure L.

Pour les charges de courte durée, la rigidité élastique réelle de flexion de la section transversale d'un poteau de flexion, $(EI)_e$, est donnée par l'équation suivante :

$$(EI)_e = E_a \cdot I_a + 0.8 \cdot E_{cd}.I_c + E_s \cdot I_s \ \ldots\ldots (37)$$

I_a, I_c et I_s sont les moments d'inertie de flexion pour le plan de flexion considéré de l'acier de construction, du béton (que l'on suppose non fissurer) et de l'armature, E_a et E_s les modules d'élasticité pour l'acier de construction et pour l'armature.

$E_{cd} = E_{cm} / \gamma_c$ est le module d'élasticité de calcul de la partie en béton.

E_{cm} est le module sécant du béton et $\gamma_\chi = 1.35$ est le coefficient de sécurité approprié, pour la rigidité du béton.

Pour les charges de longue durée, on doit tenir compte de leur influence sur la rigidité élastique réelle de flexion en remplaçant dans la formule ci dessus le module d'élasticité du béton E_{cd} par le facteur :

$$E_c = E_{cd} \cdot (1 - 0.5 (N_{G,Sd} / N_{Sd})) \ \ldots (38)$$

$N_{G,Sd}$ est la fraction de la charge axiale N_{Sd} qui est permanente.

Cette correction de la formule n'est nécessaire que si l'élancement réduit dans le plan de flexion considéré dépasse les valeurs limites de 0.8 pour les profilés enrobés de béton et $0.8 / (1-\delta)$ pour les profilés creux remplis de béton et que si e / d est inférieur à 2.

A noter que pour calculer l'élancement réduit $\overline{\lambda}$, il est nécessaire de connaître une première valeur de la rigidité E_c du poteau mixte. En vue de la comparaison avec les limites indiquées ci dessus, il est permis de calculer $\overline{\lambda}$ sans tenir compte de l'influence des charges de longue durée sur la raideur de flexion

L'élancement non dimensionnel pour le plan de flexion considéré est donné par la formule:

$$\overline{\lambda} = \sqrt{\frac{N_{pl.R}}{N_{cr}}} \quad \dots\dots\dots\dots\dots\dots\dots\dots\dots (39)$$

$N_{pl,R}$: est la valeur de $N_{pl,Rd}$ lorsque les coefficients γ_{Ma}, γ_c et γ_s sont pris égaux à 1.0.

I.7.2.5 Résistance des poteaux mixtes en compression axiale

Le poteau mixte présente une résistance suffisante au flambement si, pour les deux axes :

$$N_{Sd} \leq \chi \cdot N_{pl.Rd} \quad \dots\dots\dots\dots\dots\dots\dots (40)$$

χ est le coefficient de réduction pour le mode de flambement suivant l'axe à considérer dont la valeur est donnée en fonction de l'élancement réduit et de la courbe de flambement européenne adéquate.

Les courbes de flambement sont les suivantes :

- Courbe a : pour les profils creux remplis de béton, $\alpha = 0.21$
- Courbe b : pour les profilés en I totalement ou partiellement enrobés de béton avec flexion selon l'axe fort du profilé en acier, $\alpha = 0.34$
- Courbe c : pour les profilés en I totalement ou partiellement enrobés de béton avec flexion selon l'axe faible du profilé de l'acier, $\alpha = 0.49$

Il est possible de déterminer numériquement la valeur de χ par la formule

$$\chi = \frac{1}{\phi + [\phi^2 - \overline{\lambda}^2]^{1/2}} \leq 1 \quad \text{avec :} \quad \phi = 0,5[1 + \alpha(\overline{\lambda} - 0,2) + \overline{\lambda}^2] \quad \dots\dots (41)$$

I.7.3 Méthode simplifiée appliquée au calcul des poteaux mixtes soumis à la compression et flexion combinées

Pour chacun des axes de symétrie, il est nécessaire de procéder à une vérification indépendante en raison des différentes valeurs d'élancements, de moments fléchissant et de résistance à la flexion pour les deux axes.

La résistance du poteau mixte sous sollicitation normale et moment de flexion (en général suivant les deux axes du poteau) sont déterminés au moyen d'une courbe d'interaction M-N telle que présentée sur la figure (I.16). Sur cette courbe, seules les grandeurs résistantes sont représentées.

La courbe d'interaction ci-dessus est tracée en considérant plusieurs positions particulières de l'axe neutre dans la section droite et en déterminant la résistance de la section droite à partir de la distribution des blocs de contraintes. La figure (I.17) explique le calcul des points A à D.

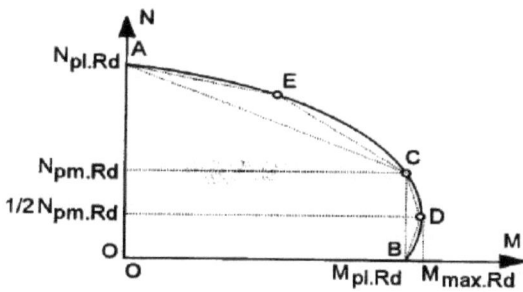

Fig I.16 : Courbe d'interaction pour la compression et la flexion uniaxiale

Point A: Résistance en compression, $N_A = N_{pl.Rd}$, $M_A = 0$

Point B: Résistance en flexion, $N_B = 0$, $M_B = M_{pl.Rd}$

Point C: Moment résistant pour $N > 0$, $N_C = N_{Pm.Rd} = A_C \alpha (f_c/\gamma_c)$, $M_c = M_{pl.Rd}$

Point D : Moment résistant maximum, $N_D = 1/2 (N_{Pm.Rd}) = 1/2 [A_C \alpha (f_c/\gamma_c)]$

$M_D = [W_{pa}(f_y/\gamma_a)] + [W_{ps}(f_s/\gamma_s)] + 1/2[W_{pc}\alpha(f_{cd}/\gamma_c)]$

Dans ces formules α vaut 0,85 pour les profils enrobés et 1,0 pour les profils creux. W_{pa}, W_{ps}, W_{pc} sont les modules de résistance plastique respectivement du poteau en acier, des armatures et du béton pour la configuration étudiée.

h_n est la position de l'axe neutre plastique, sous $M_{pl.Rd}$, par rapport au centre de gravité de la section mixte comme cela est indiqué à la figure (I.17).

Il faut remarquer que le point D de la courbe d'interaction correspond à un moment résistant $M_{max.Rd}$ supérieur à $M_{pl.Rd}$. Cela est due au fait que contrairement aux poteaux uniquement en acier, dans les poteaux mixtes, lorsque la charge axiale augmente sous l'effet de la contrainte axiale la fissuration par traction du béton est retardée et rend le poteau mixte plus efficace pour reprendre la sollicitation de moment.

Quant au point E, il se situe à mi-distance de A et C. L'augmentation en résistance au point E est faible vis-à-vis d'une interpolation directe entre A et C. Le calcul du point E peut être négligé.

Ce diagramme peut être simplifié de manière sécuritaire en négligeant le calcul du point D et en se limitant aux calculs des points A (calcul de $N_{pL.Rd}$), C et B (calcul de $N_{pm.Rd}$ et $M_{pl,Rd}$).

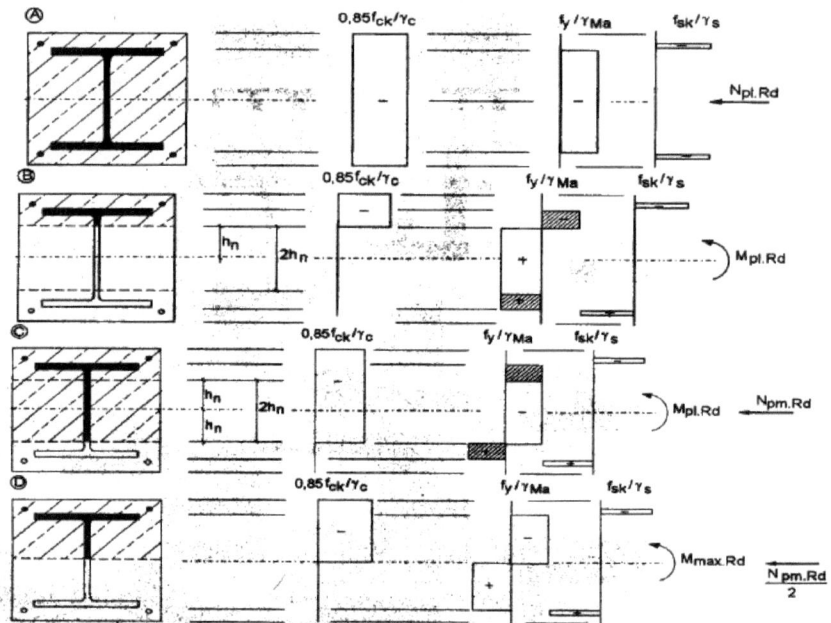

Fig I.17 : Répartitions des contraintes correspondant à la courbe d'interaction

I.7.4 Analyse de la distribution des moments fléchissant dans la structure

Bien que dans les hypothèses de la méthode simple on impose que la structure soit rigide au sens de l'Eurocode 3, ceci n'exclut pas une influence locale des effets du second ordre géométrique au niveau du poteau, en particulier sur l'amplification des moments dans le poteau calculé au premier ordre. Le calcul du poteau mixte doit être mené en considérant les effets du second ordre; ces effets sont à prendre en compte si:

- $(N_{Sd} / N_{Cr}) \geq 0,1$, où N_{Sd} est la sollicitation à l'ELU; N_{cr} est la charge élastique critique pour la longueur de poteau comme cela est indiqué l'Eurocode 4 à la clause 4.8.3.7 (1);

- Et si λ⁻ > 0,2 (2-r), où r est le rapport des moments d'extrémités, (- 1≤r ≤+ 1). S'il existe un quelconque chargement transversal, il convient de prendre régal à 1,0.

Dans le cas où les effets du second ordre doivent être pris en compte cela peut se faire de manière simplifiée en appliquant au plus grand moment calculé par la théorie du premier ordre le facteur multiplicateur k donné par la formule:

$$k = [\beta / (1-(N_{Sd}/N_{cr}))] \dots \dots \dots \dots (42)$$

$\beta = 0,66 + 0,44r$ mais $\beta > 0,44$; dans le cas où seul des moments d'extrémités sont appliqués;
$\beta = 1,0$ si on applique des charges transversales sur le poteau.

Fig I.18 : Répartition des moments le long du poteau

I.7.5 Résistance des poteaux mixtes à la compression et à la flexion uniaxiale combinée

La méthode de calcul est indiquée sous forme pas-à-pas, par référence à la figure I.19 :

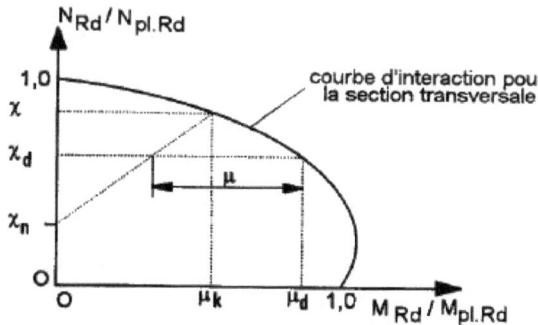

Fig I.19 : Méthode de calcul pour la compression et la flexion uniaxiale

- La résistance du poteau mixte à la compression axiale est $\chi N_{pl.Rd}$, et tient compte de l'influence des imperfections et de l'élancement. χ est le paramètre représentant la résistance du poteau au flambement.

41

- χ_d est le paramètre représentant la sollicitation axiale; $\chi_d = N_{Sd}/N_{pl.Rd}$ où N_{Sd} est la sollicitation axiale de calcul.
- $\chi_n = \chi(1-r)/4$, mais $\chi_n \leq \chi_d$.

Les valeurs de χ_n pour les valeurs extrêmes de r sont données à la figure (I.20). Lorsque la variation du moment n'est pas linéaire, il convient de prendre χ_n égal à zéro.

$$r = 1 : \chi_n = 0$$
$$r = 0 : \chi_n = 0,25\chi$$
$$r = -1 : \chi_n = 0,5\chi$$

Fig I.20 : Valeurs typiques de χ_n

Pour une valeur correspondant à $\chi N_{pl.Rd}$(X sur le diagramme adimensionnel de la figure I.20), il n'est plus possible d'appliquer un moment de flexion extérieur au poteau mixte. La valeur correspondante du moment de flexion $\mu_k M_{pl.Rd}$ est la valeur maximale du moment secondaire de flexion, conséquence des imperfections. Sous la seule charge axiale $X N_{pl.Rd}$ le moment secondaire va décroître avec χ_d.

Pour le niveau Xd la valeur disponible correspondante pour la résistance en flexion de la section transversale est μ x $M_{pl.Rd}$. La longueur μ est présentée sur la figure (I.20) et peut être calculée au moyen de la formule suivante:

$$\mu = \mu_d - \mu_k (\chi_d - \chi_n)/(\chi - \chi_n) \dots\dots\dots\dots (43)$$

En dessous de χ_n le moment résistant est totalement mobilisable.

La résistance de la section transversale à la flexion vaut: $M_{Rd} = 0,9 . \mu . M_{pl.Rd}$, et le poteau a une résistance à la flexion suffisante si : $M_{Sd} \leq M_{Rd}$.

I.7.6 Compression et flexion bi axiale combinées

En raison des différentes valeurs d'élancements, de moments sollicitant, et de résistances à la flexion pour les deux axes, il est nécessaire, dans la plupart des cas, de procéder à une vérification du comportement bi axial.

Le poteau doit être vérifié pour chaque plan de flexion. Cependant il n'y a lieu de prendre en compte les imperfections que pour le plan où la ruine est susceptible de se produire. Pour l'autre plan de flexion, il est inutile d'en tenir compte (cas b sur la figure I.21). Si l'on a des doutes sur le plan de ruine, on se place en sécurité en tenant compte des imperfections dans les deux plans.

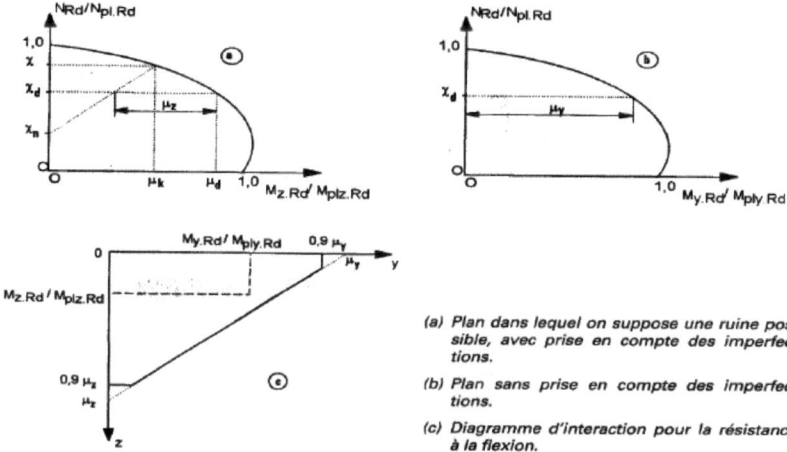

(a) Plan dans lequel on suppose une ruine possible, avec prise en compte des imperfections.

(b) Plan sans prise en compte des imperfections.

(c) Diagramme d'interaction pour la résistance à la flexion.

Fig I.21 : Calcul de compression et flexion biaxiale

L'élément structural présente une résistance suffisante si :

$$M_{Y.Sd} \leq 0,9 \ \mu_y \ M_{pl.y.Rd} ,$$
$$M_{z.Sd} \leq 0,9 \ \mu_z \ M_{pl.z.Rd} ,$$

et

$$[(M_{Y.Sd}/(\ \mu_y \ M_{pl.y.Rd})) + (M_{z.Sd}/(\ \mu_z \ M_{pl.z.Rd}))] \leq 1,0$$

Avec $M_{pl.y.Rd}$ et $M_{pl.z.Rd}$ calculés comme ci-dessus selon l'axe approprié.

CHAPITRE II

**THEORIE
DES COQUES ET SOLIDES EN ANALYSE LINEAIRE**

II. THEORIE DES COQUES ET SOLIDES EN ANALYSE LINEAIRE

Généralité

La théorie des coques est l'étude des solide déformables surfaciques. Elle est adaptée a l'étude des solides déformables dans la géométrie est assimilable a une surface avec une épaisseur. Cette géométrie va permettre d'établir une théorie simplifiée dans laquelle en dira qu'on connaît les déplacements en connaissant seulement ceux de la surface moyenne.

L'idée de base dans la théorie de ces modèles est d'utiliser des hypothèses et simplifications physiquement justifiables a travers l'épaisseur pour obtenir la déformation d'une structure mince tridimensionnelle a partir d'un problème formulé sur la surface moyenne.

II.1 Théorie des coques en analyse linéaire

Pour analyser, prédire et même optimiser le comportement d'élément coque, l'idée naturelle est alors d'utiliser l'épaisseur comparée aux autres dimensions comme un petit paramètre. En fait, il apparaît deux paramètres : l'un noté h, est l'épaisseur comparée à la dimension transverses et l'autre noté r, est le rapport entre l'épaisseur et le rayon de courbure locale de la coque R.

Suivant les ordres de grandeurs respectifs de ces deux paramètres on peut alors construire un modèle approché du modèle tridimensionnel.

Par exemple pour $r = 0$ on trouve les modèles de plaques minces, pour $r = h$ on trouve des modèles de membrane et enfin pour $r = h^2$ on trouve les modèles de coques les plus classiques.

Cependant il existe d'autres approches mieux adaptées et qui permettent de regrouper tous ces modèles en un seul lui-même surfacique et pouvant redonner l'une des trois situations.

Les équations générales de la théorie des coques de forme quelconque établies dans les coordonnées orthogonales des lignes de courbure peuvent être exprimées différemment, afin de s'adapter à certaines formes géométriques particulières de coques, et simplifier les équations pour pouvoir les résoudre.

Trois principales approches sont utilisées pour l'analyse linéaire des coques :
- Approche par coque profonde ;
- Approche par coque surbaissée ;
- Approche par coque plane (facettes plane).

Etant donné la diversité des problèmes (géométrique, conditions aux limites, chargement,...) et la variété des comportements possibles (multicouches, non linéarités, dynamiques,...), chaque approche présente des avantages et des inconvénients et aucune formulation n'est universellement reconnue.

II.1.a Approche Par Coque Profonde (à forte courbure)

La formulation d'éléments basés sur la théorie de coque profonde est à la fois la plus juste et la plus délicate. Des théories basées sur une approche par coque profonde ont été proposées par plusieurs auteurs [NAGHDI 1963], [KOITER & all 1972]. La conformité des éléments basés sur cette approche exige une continuité des rayons de courbures (la continuité exacte à la frontière exige que la rotation de la normale soit continue), ainsi l'utilisation des coordonnées curvilignes rend leur application en élément finis très difficile à mettre au point.

L'amélioration possible de cette approche consiste à utiliser un système d'axes corotationnel afin de représenter le mouvement de corps rigide. On a recours aussi à une interpolation de même ordre pour la flexion et la membrane de façon a remédier au problème du blocage de membrane, mais ceci conduit a des éléments très performants mais très lourds à manipuler.

II.1.b Approche Par Coque Surbaissée (à faible courbure)

Lorsqu'une coque a en tout point, une surface moyenne de faible courbure, elle est qualifiée de coque surbaissée. Pour simplifier l'approche par coque profonde, une théorie basée sur une approche par coque surbaissée nécessite l'introduction des hypothèses simplificatrices.

En prend, pour lignes de coordonnées (x,y) sur la projection sur le plan π

La surface moyenne de la coque est surbaissée si $\dfrac{\partial Z}{\partial X}$ et $\dfrac{\partial Z}{\partial Y}$ sont petites, c'est-à-dire si les carrés et produits des dérivées premières de Z(x,y) sont négligeables devant l'unité.

$$\left(\frac{\partial Z}{\partial X}\right)^2 \prec\prec 1 \;,\; \left(\frac{\partial Z}{\partial Y}\right)^2 \prec\prec 1 \;,\; \left|\left(\frac{\partial Z}{\partial X}\cdot\frac{\partial Z}{\partial Y}\right)\right|^2 \prec\prec 1 \;.$$

En pratique ces pentes ne devraient pas dépasser 0,1 radian, mais des résultats peuvent encore être intéressants jusqu'à 0,5 radian. Voir [FREY & al 2000].

Deux théories de coque surbaissées sont couramment utilisées, l'une dite de « Donnelle », s'exprime en coordonnées curvilignes. L'autre de « Marguerre », s'exprime en coordonnées cartésiennes. La différence est insignifiante pour les résultats pratiques, mais essentiels pour les techniques numériques.

- *Théorie en coordonnées curvilignes (Donnelle, 1933) :*

Toutes les grandeurs et équations s'expriment dans les coordonnées curvilignes (ξ, η) de la surface moyenne, dans cette théorie, une hypothèse cinématique complémentaire est nécessaire. Elle postule que les composantes membranaires u et v du déplacement sont négligeable devant la composante transversale w, ou les rotations et variations de courbure ne dépendent plus que du déplacement transversal.

- *Théorie en coordonnées cartésiennes (Marguerre) :*

On travaille dans les axes cartésiennes (X, Y, Z) et toutes les grandeurs d'y référent, le plan de référence (x,y) a lieu par projection orthogonale (X,Y), aucune hypothèse complémentaire n'est nécessaire. On considère que la coque est obtenue après un déplacement fictif d'une surface plane, ce déplacement fictif est la déformé initiale, ainsi il est tenu compte de la courbure initiale par introduction dans le tenseur de déformation d'un terme du a la géométrie initiale. On allie dans cette théorie la rigueur de l'approche par coque profonde en tenant compte de la courbure initiale, et la simplicité de formulation de l'approche par facettes planes permettant le calcul en coordonnées cartésiennes.

II.1.c Approche par Coque Plane (facettes planes)
L'approximation faite dans cette approche consiste à confondre la coque avec sa surface de référence (localement). La littérature concernant ce type d'approche est très large [BATOZ & all 2000], [ZHANG & CHEUNG 2003], [ANDRADE & all 2007]. Vu sa simplicité de mise en œuvre d'une part, et son efficacité d'autre part, cette approche est très utilisée soit en analyse linéaire, non linéaire et dynamique. Elle ne permet, cependant une représentation correcte de la structure courbe et nécessite ainsi, un coût de calcul élevé. Le découplage entre le mode déformation de membrane et celui de flexion évite le problème du blocage de membrane.

Notons que les simplifications que l'on peut apporter aux déférents modèles doivent trouver un cadre de justification. D'un point de vue à la fois mathématique et physique, deux propriétés sont fondamentales : l'une est la conservation des énergies par unité de matière mises en jeu que se soit pour le modèle complet ou celui obtenu après simplification ; l'autre concerne le principe fondamental de la mécanique et traduit que l'équilibre des efforts doit être conservés.

En fait, les équations d'équilibre permettent de compenser certaines imprécisions au niveau de la conservation de l'énergie.

Dans tous ces modèles, il apparaît que l'équilibre de la coque est régi par deux phénomènes :

- l'effet de flexion qui régit les mouvements de rotation de la surface moyenne ;
- l'effet de membrane qui fait intervenir les déformations propres de la surface moyenne.

II.2 Hypotheses de LOVE - KIRCHHOFF
L'hypothèse de love consiste à généraliser aux coques les hypothèses classiques propres aux poutres de Bernoulli et aux plaques de Kirchhoff. Ces hypothèses introduisent des restrictions sur le champ des déplacements et sur le champ des déformations dans une coque. Elles sont parfois contestées, et il est possible de

remettre en question toutes les hypothèses ou certaines d'entre elles pour construire des théories de coques plus complexes.

Hypothèse 1 : petites déformations
On suppose que les déformations sont petites (au sens des coques) de sorte que les équations cinématiques soient linéaire, et les pentes de surface moyenne après déformation, soient supposées petites par rapport a l'unité et que les conditions d'existence d'un tenseur de variation de courbure linéaire en $\vec{U}$ sont satisfaisantes.

Hypothèses 2 : linéarisation en Z (coque mince)
On suppose que le champ de déplacement $\vec{U}(x,y)$ est peu différent de $\vec{U}(x,y,z)$. Cette hypothèse est dite hypothèse de coque mince.

Hypothèse 3 : distorsion nulle sur la surface moyenne
On suppose que sur la surface moyenne, la distorsion dans tout plan contenant $\vec{n}$ est négligeable. C'est-à-dire que tout point M sur la normale $\vec{n}$ reste sur la normale $\vec{n}'$ après déformation. Cette hypothèse est parfois appelée loi de conservation de la normale.

Hypothèse 4 : allongement transversal nul sur la surface moyenne
Cette hypothèse permet d'ignorer les effets qui se manifestent à travers l'épaisseur, on suppose que sur la surface moyenne l'allongement et la contrainte dans la direction de $\vec{n}$ est négligeable par rapport aux autres composantes de déplacements et de contraintes.

II.3 Théorie des coques et états de contrainte
L'élément de plaque est défini par la géométrie plane de sa surface moyenne, il résiste aux charges agissant normalement à son plan moyen par un état flexionnel. On dit qu'un plaque travaille à la flexion quand les charges aux quelles elle est soumise sont parallèles a l'axe perpendiculaire au plan moyen z, les théories des plaques reposent sur les hypothèses suivantes en plus des hypothèses de Kirchhoff :

Hypothèse A : on néglige l'interaction des phénomènes de membranes et de flexion due aux grands déplacements, en d'autres termes, on néglige les contraintes dans la surface moyenne (membrane) induites par déformations transverses (flexion). Ceci correspond à une approximation du premier ordre si les déplacements transverses sont de l'ordre de l'épaisseur de la plaque.

Hypothèse B : la construction et les matériaux de la plaque sont tels que les phénomènes de membrane (dans le plan) et de flexion (transverses) sont découplés. Ceci est vrai pour des plaques isotropes monocouches ou multicouches symétriques.

Ceci permet de découpler totalement l'étude des phénomènes de membrane et de flexion.

Les hypothèses (3) et (4) de Love - Kirchhoff correspondent dans le cas bidimensionnel aux hypothèses classiques de la RDM avec conservation des sections droites. La théorie des plaques correspondante dans laquelle on néglige les effets de cisaillement transverses est due à Kirchhoff. Cette théorie est valable dans le cas des plaque minces et lorsque les caractéristiques de cisaillement transverse du matériau sont importantes. Lorsque ces conditions ne sont pas remplies, on ne peut plus admettre l'hypothèse 3 dans ce cas, il faut prendre en compte les déformations de cisaillement transverse et alors les fibres normales à la surface moyenne avant déformation ne le restent pas au cours de la déformation ; la rotation des sections devient distincte de la pente de la surface moyenne. Il existe des théories des plaques qui permettent de prendre en compte le cisaillement transverse, ce sont les théories de (HENCKY-MINDLIN-REISSNE-BOLLE-NAGDHI 1963-1972).

Nous allons rappeler ci-après les deux théories des plaques les plus importantes pour l'analyse linéaire des structures (Kirchhoff et de Hencky-Reissner-Mindlin).

II.3.a Equations Générales de la Plaque Mince en Théorie de Kirchhoff

1. Relations Cinématiques

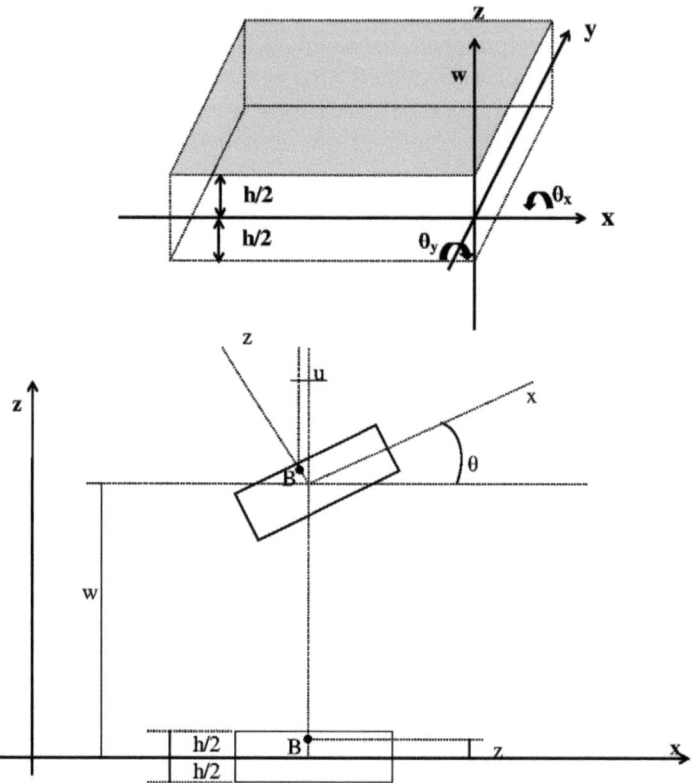

Fig II.1 : Cinématique d'une plaque mince en théorie de Kirchhoff

Le déplacement du point B dans le sens x est : $u = -z \tan\theta$

Le déplacement étant petit donc $\tan\theta = \theta = \dfrac{\partial w}{\partial x}$ ainsi $u = -z\dfrac{\partial w}{\partial x}$

Et dans la direction y $v = -z\dfrac{\partial w}{\partial y}$

Donc le champ des déplacements est défini uniquement par une variable

$$\begin{cases} w = w(x, y, z) \\ u = -z\dfrac{\partial w}{\partial x} \\ v = -z\dfrac{\partial w}{\partial y} \end{cases} \quad \dots\dots\dots\dots\dots\dots\dots\dots\dots\dots\dots\dots\dots\dots(44)$$

2. Relations Géométriques

Les déformations γ_{xz}, γ_{yz} sont nulles, les relations déplacements - déformations seront :

$$\begin{cases} \varepsilon_x = -z\dfrac{\partial^2 w}{\partial x^2} \\ \varepsilon_y = -z\dfrac{\partial^2 w}{\partial x^2} \\ \gamma_{xy} = -2z\dfrac{\partial^2 w}{\partial x \partial y} \end{cases} \quad \dots\dots\dots\dots\dots\dots\dots\dots\dots\dots\dots\dots\dots(45)$$

Soient en fonction des courbures $\varepsilon = z\{x\}$
Avec $\{x\}^T = \left\{ \dfrac{\partial^2 w}{\partial x^2} \quad \dfrac{\partial^2 w}{\partial y^2} \quad 2\dfrac{\partial^2 w}{\partial x \partial y} \right\}$
Les relations déformations – contraintes seront

$$\begin{cases} \varepsilon_x = \dfrac{1}{E}(\sigma_x - v\sigma_y) \\ \varepsilon_y = \dfrac{1}{E}(\sigma_y - v\sigma_x) \\ \gamma_{xy} = \dfrac{1}{G}\tau_{xy} \end{cases} \quad \dots\dots\dots\dots\dots\dots\dots\dots\dots\dots\dots\dots(46)$$

3. Relations Constructives

Après résolution du système d'équations (63), les contraintes seront

$$\begin{cases} \sigma_x = \dfrac{E}{1-v^2}(\varepsilon_x + v\varepsilon_y) \\ \sigma_y = \dfrac{E}{1-v^2}(\varepsilon_y + v\varepsilon_x) \\ \tau_{xy} = \dfrac{E}{2(1+v)}\gamma_{xy} \end{cases} \quad \dots\dots\dots\dots\dots\dots\dots\dots\dots\dots\dots\dots\dots(47)$$

Les équations (64) sous forme matricielle seront

$$
\begin{Bmatrix} \sigma_x \\ \sigma_y \\ \tau_{xy} \end{Bmatrix} = \frac{E}{1-v^2} \begin{bmatrix} 1 & v & 0 \\ v & 1 & 0 \\ 0 & 0 & \frac{1}{2}(1-v) \end{bmatrix} \begin{Bmatrix} \varepsilon_x \\ \varepsilon_y \\ \gamma_{xy} \end{Bmatrix} \quad \dots\dots\dots\dots\dots\dots\dots\dots\dots\dots\dots\dots(48)
$$

En substituant (62) dans (64) on obtiendra

$$
\begin{cases}
\sigma_x = -\dfrac{E}{1-v^2} z \left(\dfrac{\partial^2 w}{\partial x^2} + v \dfrac{\partial^2 w}{\partial y^2} \right) \\[3mm]
\sigma_y = -\dfrac{E}{1-v^2} z \left(\dfrac{\partial^2 w}{\partial y^2} + v \dfrac{\partial^2 w}{\partial x^2} \right) \quad \dots\dots\dots\dots\dots\dots\dots\dots\dots\dots\dots\dots(49) \\[3mm]
\tau_{xy} = -\dfrac{E}{1+v} z \left(\dfrac{\partial^2 w}{\partial x \partial y} \right) \gamma_{xy}
\end{cases}
$$

4. *Equations d'Equilibre de l'Elément*

Les équations d'équilibre permettent de compenser certaines imprécisions au niveau de la conservation de l'énergie.
L'état flexionnel regroupe les efforts intérieurs à caractère flexionnel : il s'agit des moments de flexion, des moments de torsion et des efforts tranchants.

$$
\begin{cases}
\dfrac{\partial Q_x}{\partial x} + \dfrac{\partial Q_y}{\partial y} + q = 0 \\[3mm]
\dfrac{\partial M_{xy}}{\partial x} + \dfrac{\partial M_y}{\partial y} + Q_y = 0 \quad \dots\dots\dots\dots\dots\dots\dots\dots\dots\dots\dots\dots\dots\dots(50) \\[3mm]
\dfrac{\partial M_{xy}}{\partial y} + \dfrac{\partial M_x}{\partial x} + Q_x = 0
\end{cases}
$$

5. *Relations Statiques*
A fin d'aboutir à une théorie bidimensionnelle, il faut intégrer les distributions des contraintes à travers l'épaisseur pour les remplacer par leurs résultantes équivalentes qui sont les efforts intérieurs.
Détermination des moments de flexion M_x, M_y

$$
M_x = \int_{-\frac{h}{2}}^{\frac{h}{2}} \sigma_x z \, dz = -\int_{-\frac{h}{2}}^{\frac{h}{2}} \frac{E}{1-v^2} z \left(\frac{\partial^2 w}{\partial x^2} + v \frac{\partial^2 w}{\partial y^2} \right) z \, dz
$$

Et comme w est indépendant de z donc

$$M_x = -\frac{E}{1-v^2}\left(\frac{\partial^2 w}{\partial x^2} + v\frac{\partial^2 w}{\partial y^2}\right)\int_{-\frac{h}{2}}^{\frac{h}{2}} z^2 dz = -D\left(\frac{\partial^2 w}{\partial x^2} + v\frac{\partial^2 w}{\partial y^2}\right)$$

Avec $D = \dfrac{Eh^3}{12(1-v^2)}$

De même pour

$$M_y = -\frac{E}{1-v^2}\left(\frac{\partial^2 w}{\partial y^2} + v\frac{\partial^2 w}{\partial x^2}\right)\int_{-\frac{h}{2}}^{\frac{h}{2}} z^2 dz = -D\left(\frac{\partial^2 w}{\partial y^2} + v\frac{\partial^2 w}{\partial x^2}\right)$$

Détermination des moments de torsion M_{xy} , M_{yx}

$$M_{xy} = M_{yx} + -\int_{-\frac{h}{2}}^{\frac{h}{2}} \tau_{xy} z dz = \frac{E}{1+v}\left(\frac{\partial^2 w}{\partial x\partial y}\right)\int_{\frac{h}{2}}^{\frac{h}{2}} z^2 dz$$

$$M_{xy} = M_{yx} = D(1-v)\frac{\partial^2 w}{\partial x\partial y}$$

Donc

$$\begin{cases} M_x = -D\left(\dfrac{\partial^2 w}{\partial x^2} + v\dfrac{\partial^2 w}{\partial y^2}\right) \\[2mm] M_y = -D\left(\dfrac{\partial^2 w}{\partial y^2} + v\dfrac{\partial^2 w}{\partial x^2}\right) \\[2mm] M_{xy} = M_{yx} = D(1-v)\dfrac{\partial^2 w}{\partial x\partial y} \end{cases} \dots\dots\dots\dots\dots\dots\dots\dots\dots\dots\dots(51)$$

Ou bien sous forme matricielle

$$\begin{Bmatrix} M_x \\ M_y \\ M_{xy} \end{Bmatrix} = D\begin{bmatrix} 1 & v & 0 \\ v & 1 & 0 \\ 0 & 0 & \dfrac{1-v}{2} \end{bmatrix}\begin{Bmatrix} \dfrac{\partial^2 w}{\partial x^2} \\ \dfrac{\partial^2 w}{\partial y^2} \\ 2\dfrac{\partial^2 w}{\partial x\partial y} \end{Bmatrix} \dots\dots\dots\dots\dots\dots\dots\dots\dots\dots(52)$$

En substituant les équations (68) dans (66) et (67) on obtient les équations suivantes

$$\begin{cases} Q_x = -D\dfrac{\partial}{\partial x}\left(\dfrac{\partial^2 w}{\partial x^2} + \dfrac{\partial^2 w}{\partial y^2}\right) \\[4mm] Q_y = -D\dfrac{\partial}{\partial y}\left(\dfrac{\partial^2 w}{\partial x^2} + \dfrac{\partial^2 w}{\partial y^2}\right) \end{cases} \dots\dots\dots\dots\dots\dots\dots\dots\dots\dots\dots\dots\dots\dots\dots(53)$$

Et par substitution de (70) dans (67) on trouve l'équation différentielle reliant les déplacements w et les charges qui s'écrit comme suit

$$\frac{\partial^4 w}{\partial x^4} + 2\frac{\partial^4 w}{\partial x^2 \partial y^2} + \frac{\partial^4 w}{\partial y^4} = \frac{q}{D} \quad \dots\dots\dots\dots\dots\dots\dots\dots\dots\dots\dots\dots\dots\dots(54)$$

6. *Energie de Déformation*

L'énergie potentielle totale s'écrit :

$$U = \frac{1}{2}\int_V \{\sigma\}^T \{\varepsilon\} dV$$

En tenant compte de l'équation de σ et ε

$$U = \frac{1}{2}\int_V \left(z\sigma_x \frac{\partial^2 w}{\partial x^2} + z\sigma_y \frac{\partial^2 w}{\partial y^2} + 2\tau_{xy}\frac{\partial^2 w}{\partial x \partial y} \right) \cdot dV \quad \dots\dots\dots\dots\dots\dots\dots\dots\dots(55)$$

$$U = \frac{1}{2}\int_S \{M\}^T \{k\} dS \text{ avec l'équation (69) on obtient } U = \frac{1}{2}\int_S \{k\}^T [D_f]\{k\} dS$$

II.4 Etat membranaire

II.4.a Equation Générales de l'élément de paroi

1. Cinématiques

L'élément de paroi est défini par la géométrie plane de la surface moyenne. Il est sollicité par des charges agissant dans sont plan moyen, il y résiste par un état membranaire, les efforts normaux et tangentiels résultant d'ailleurs de l'état plan de contrainte. [Chevalier 1996]

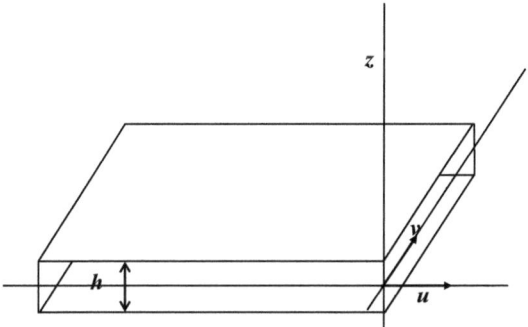

Fig II.2 : Cinématique de Membrane

2. Relations Géométriques

Les relations déplacements – déformations seront :

$$\begin{cases} \varepsilon_x = \dfrac{\partial u_0}{\partial x} \\[2mm] \varepsilon_y = \dfrac{\partial v_0}{\partial y} \\[2mm] \gamma_{xy} = \dfrac{\partial u_0}{\partial y} + \dfrac{\partial v_0}{\partial x} \end{cases} \quad \dots\dots\dots\dots\dots\dots\dots\dots\dots\dots\dots\dots\dots..(56)$$

1. Relations Constructives

- Contrainte plane

$$\begin{Bmatrix} \sigma_x \\ \sigma_y \\ \tau_{xy} \end{Bmatrix} = \frac{E}{1-v^2} \begin{bmatrix} 1 & v & 0 \\ v & 1 & 0 \\ 0 & 0 & \frac{1}{2}(1-v) \end{bmatrix} \begin{Bmatrix} \varepsilon_x \\ \varepsilon_y \\ \gamma_{xy} \end{Bmatrix} \quad \dots\dots\dots\dots\dots\dots\dots\dots\dots.\dots...(57)$$

L'hypothèse des contraintes planes est surtout utilisée pour modéliser des corps élastiques plans et minces (plaques) chargés dans leur plan.

- Déformation plane

$$\begin{Bmatrix} \sigma_x \\ \sigma_y \\ \tau_{xy} \end{Bmatrix} = \frac{E(1-v)}{1+v} \begin{bmatrix} 1 & \dfrac{v}{1-v} & 0 \\ \dfrac{v}{1-v} & 1 & 0 \\ 0 & 0 & \dfrac{1-2v}{2(1-v)} \end{bmatrix} \begin{Bmatrix} \varepsilon_x \\ \varepsilon_y \\ \gamma_{xy} \end{Bmatrix} \quad \dots\dots\dots\dots\dots\dots\dots\dots\dots.(58)$$

L'hypothèse des déformations planes est surtout utilisée pour les corps élastiques cylindriques longs. De section constante suivant la longueur, chargée parallèlement au plan de section.

2. Relations Statiques

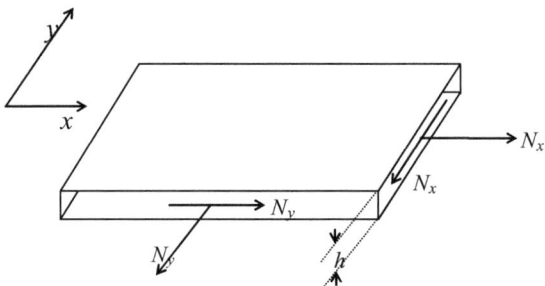

Fig II.3 : Efforts de Membrane

Détermination des efforts normaux N_x, N_y

$$N_x = \int_{-h/2}^{h/2} \sigma_x dz$$

$$N_y = \int_{-h/2}^{h/2} \sigma_y dz$$ ....(59)

Détermination des efforts tangentiels N_{xy}, N_{yx}

$$N_{xy} = \int_{-h/2}^{h/2} \tau_{xy} dz$$

$$N_{yx} = \int_{-h/2}^{h/2} \tau_{yx} dz$$ ....(60)

3. Energie de Déformation
L'énergie potentielle totale s'écrit

$$U = \frac{1}{2} \int_V \{\sigma\}^T \{\varepsilon\} dV$$

$$U = \frac{h}{2} \left(\int \sigma_x \varepsilon_x y dx + \int \sigma_y \varepsilon_y x dy \right)$$ ....(61)

II.5 l'Elément coque plane produit de la superposition plaque – membrane

Il est très simple de combiner un champ membranaire a un champ flexionnel, pou obtenir un élément (plaque - membrane) plat, appelé élément coque plane.

Lorsque les déplacements sont petits (analyse linéaire), on ne fait pas une grande erreur en disant que les deux états de contraintes sont indépendants et découplés a l'intérieur de l'élément. Le couplage n'existe qu'aux frontières inter-éléments.

Nous formulons ici en bref les équations gouvernant le comportement d'une coque.

A partir de champ de déplacement suivant :

$$\vec{U} = \begin{Bmatrix} u \\ v \\ w \end{Bmatrix} = \begin{Bmatrix} u_0 + z\beta_x \\ v_0 + z\beta_y \\ w_0 \end{Bmatrix} \quad \text{...(62)}$$

On définit le champ de déformation suivant :

$$\langle \varepsilon \rangle = \langle \varepsilon_x \quad \varepsilon_y \quad 2\varepsilon_{xy} \rangle = \langle e \rangle + z \langle x \rangle$$

$$\langle \varepsilon \rangle = \langle u_{0'x} \quad u_{0'y} \quad u_{0'y} + u_{0'x} \rangle + \langle \beta_{x'x} \quad \beta_{y'y} \quad \beta_{x'y} + \beta_{y'x} \rangle \quad \text{.....................(63)}$$

$$\langle \gamma \rangle = \langle \gamma_{xz} \quad \gamma_{yz} \rangle = \langle u_{0'x} + \beta_x \quad v_{0'y} + \beta_y \rangle \quad \text{...............................(64)}$$

$$\begin{cases} \varepsilon_x = \dfrac{\partial u_0}{\partial x} + z\dfrac{\partial \beta_x}{\partial x} \\[2mm] \varepsilon_y = \dfrac{\partial v_0}{\partial y} + z\dfrac{\partial \beta_y}{\partial y} \\[2mm] \gamma_{xy} = \dfrac{\partial u_0}{\partial y} + \dfrac{\partial v_0}{\partial x} + z\left(\dfrac{\partial \beta_x}{\partial y} + \dfrac{\partial \beta_y}{\partial x} \right) \quad \text{...(65)} \\[2mm] \gamma_{xz} = \beta_x + \dfrac{\partial w}{\partial x} \\[2mm] \gamma_{yz} = \beta_y + \dfrac{\partial w}{\partial y} \end{cases}$$

$\langle e \rangle$: Déformation de membrane

$z \cdot \langle x \rangle$: Déformation de flexion, avec $\langle x \rangle$ définissant la courbure

$\langle \gamma \rangle$: Déformation de cisaillement transversal$

Les efforts unitaires s'exerçant sur un élément de coque étant définis ci-dessous par :

$$\begin{cases} \left\langle N_x \quad N_{xy} \quad Q_x \right\rangle = \int\limits_{-h/2}^{h/2} \left\langle \sigma_x \quad \tau_{xy} \quad \tau_{xz} \right\rangle dz \\[4mm] \left\langle N_{yx} \quad N_y \quad Q_y \right\rangle = \int\limits_{-h/2}^{h/2} \left\langle \tau_{yx} \quad \sigma_y \quad \tau_{yz} \right\rangle dz \\[4mm] \left\langle M_x \quad M_{xy} \right\rangle = \int\limits_{-h/2}^{h/2} \left\langle \sigma_x \quad \tau_{xy} \right\rangle dz \\[4mm] \left\langle M_{yx} \quad M_y \right\rangle = \int\limits_{-h/2}^{h/2} \left\langle \tau_{yx} \quad \sigma_y \right\rangle dz \end{cases} \dots\dots\dots\dots\dots\dots\dots\dots\dots\dots\dots\dots\dots\dots(66)$$

La relation contraintes efforts est la suivante :

$$\{\sigma\} = \frac{1}{h}\{N\} + \frac{12}{h^2}z\{M\} \quad \dots\dots\dots\dots\dots\dots\dots\dots\dots\dots\dots\dots\dots\dots\dots(67)$$

$$\begin{Bmatrix} \tau_{xz} \\ \tau_{yz} \end{Bmatrix} = \frac{1}{h}\cdot\begin{Bmatrix} Q_x \\ Q_y \end{Bmatrix} \quad \dots\dots\dots\dots\dots\dots\dots\dots\dots\dots\dots\dots\dots\dots (68)$$

Ce qui amène finalement a :

$$N_x = S\cdot\left(\varepsilon_{x0} + v\varepsilon_{y0}\right), \qquad N_y = S\cdot\left(\varepsilon_{y0} + v\varepsilon_{x0}\right), \qquad N_{xy} = N_{yx} = S\cdot\frac{1-v}{2}\gamma_{xy0}$$

$$M_x = D\cdot\left(x_x + vx_y\right), \qquad M_y = D\cdot\left(x_y + vx_x\right), \qquad M_{xy} = M_{yx} = D\cdot\frac{1-v}{2}x_{xy}$$

$$Q_x = T\cdot\gamma_{xy} \; , \; Q_y = T\cdot\gamma_{yx}$$

Avec $\;S = \dfrac{E\cdot h}{1-v^2}\;$, $\;D = \dfrac{E\cdot h^3}{12(1-v^2)}\;$ et $\;T = \dfrac{5\cdot E\cdot h}{12(1+v)}\;$ sont les rigidités de membrane, de flexion et de cisaillement de la coque.

Enfin l'énergie de déformation élastique de la coque est donnée par :

$$U = \pi_m + \pi_f + \pi_c$$

L'expression de l'énergie de déformation est la suivante :

$$U = \frac{1}{2}\left(M_x k_x + M_y k_y + M_{xy}k_{xy} + N_x\varepsilon_x + N_y\varepsilon_y + 2N_{xy}\varepsilon_{xy} + Q_x\gamma_{xz} + Q_y\gamma_{yz}\right) \dots\dots\dots (69)$$

Conclusion

Ce chapitre nous a permet de connaître les différents théories et les hypothèses de calcul développé pour les éléments plaque, coque et solide en élasticité linéaire. Les équations d'équilibre et les équations de compatibilité de déformation pour divers cas: membrane, solide et coque on était exposé. Ce chapitre servira de base pour la modélisation de l'acier et du béton en éléments finis.

CHAPITRE III

METHODE NUMERIQUE DE RESOLUTION DES SYSTEMES NON LINEAIRES

III. METHODE NUMERIQUE DE RESOLUTION DES SYSTEMES NON LINEAIRES

Généralités

La discrétisation par la méthode des éléments finis des équations de comportement non linéaire présentée dans les chapitres précédents conduit à un ensemble d'équations algébriques non linéaires appelées : équations des forces résiduelles.

La résolution numérique d'un système d'équation non linéaire résultant de l'approximation par éléments finis de l'équilibre d'un solide élastique non linéaire, repose le plus souvent sur des algorithmes incrémentaux. La plupart de ces algorithmes sont basés sur la méthode itérative de Newton – Raphson. Ainsi les logiciels de calcul des structures par éléments finis utilisent cette technique de prédiction correction pour rechercher les solutions des problèmes non linéaires. Des variantes de cette méthode ont été proposées et on peut citer la méthode de Newton modifié qui permet d'utiliser une seule matrice pour toutes les itérations ou la méthode dite quasi – Newton qui représente un compromis entre Newton – Raphson et Newton modifié. Cette méthode demande moins d'itérations que celle de Newton modifiée mais n'apporte pas d'importantes améliorations. Ces variantes peuvent être avantageuses dans certaines situations (certaines lois de comportement, certains modèles de frottement,...) pour diminuer le coût de calcul relié à la factorisation de la matrice tangente.

III. 1 Les méthodes de résolutions incrémentales des problèmes non linéaires

III.1.1 Méthode Purement Incrémentale
A chaque incrément de charge la matrice de rigidité ayant valeur constante calculée à l'aide de la matrice de rigidité tangente construite sur l'état actuel au début de chaque pas. L'inconvénient de cette méthode est dans l'équilibre qui n'est pas corrigé (pas de processus itératif). Par conséquent, cette méthode a deux inconvénients majeurs :
- la déviation du chemin de la solution : due à la propagation et l'accumulation des erreurs qui peut conduire à la divergence de la solution, ceci signifie que la solution exacte peut être obtenue seulement en ré exécutant le problème avec plusieurs tailles d'incrément.(Figure III.1)
- temps de calcul informatiques : pour réduire l'erreur, beaucoup de petites étapes peuvent être exigées, en particulier dans des régions « difficiles », la matrice de rigidité doit être formée et factorisée à chaque étape. Ceci peut être une proposition consommant trop de temps de calcul pour les problèmes tridimensionnels.

III.1.2 Méthode Incrémentale Itérative
C'est une méthode itérative basée sur la minimisation d'un résidu d'équilibre. Elle est caractérisée par l'utilisation d'un processus itératif pour chaque incrément de charge.

La correction de l'équilibre peut se faire de plusieurs manières définissant plusieurs types de méthodes incrémentales itératives. Elles se distinguent les une des autres principalement par la nature de la matrice de rigidité calculée pour la correction. Parmi ces méthodes :

a. Méthode de Newton – Raphson
Elle exige le calcul de la matrice de rigidité tangent à chaque itération, la convergence est rapide. Cette méthode s'adapte bien à l'analyse des problèmes fortement non linéaire (Figure III.2)

b. Méthode de Newton – Raphson modifiée
La matrice de rigidité calculée au début de chaque incrément reste constante pour toutes les itérations de chaque incrément jusqu'à la convergence. Ceci conduit à un gain sensible de temps de calcul. (Figure III.3)

c. Méthode de la Sécante
Cette méthode consiste à utiliser la matrice de rigidité sécante à l'intérieur de chaque incrément afin de corriger l'équilibre. La mise en œuvre numérique de cette méthode est facile mais la convergence est lente. (Figure III.4)

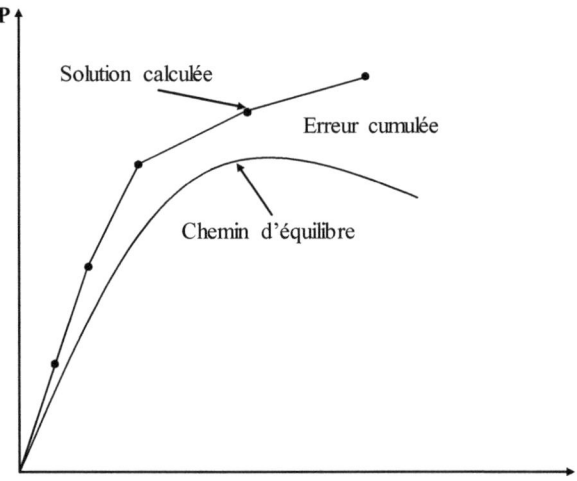

Fig III.1 : Méthode purement incrémentale[u]

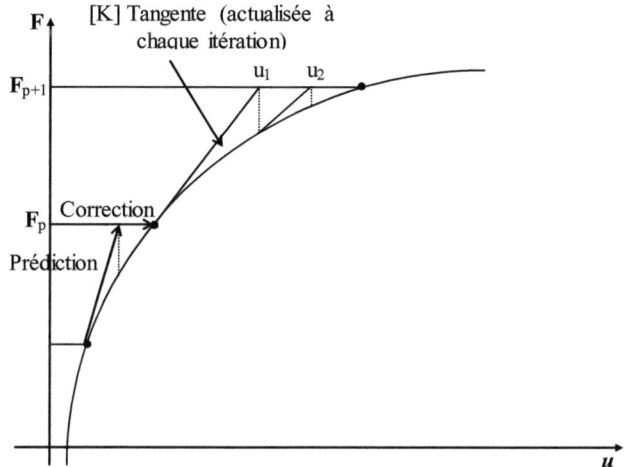

Fig III.2 : Méthode de Newton – Raphson standard

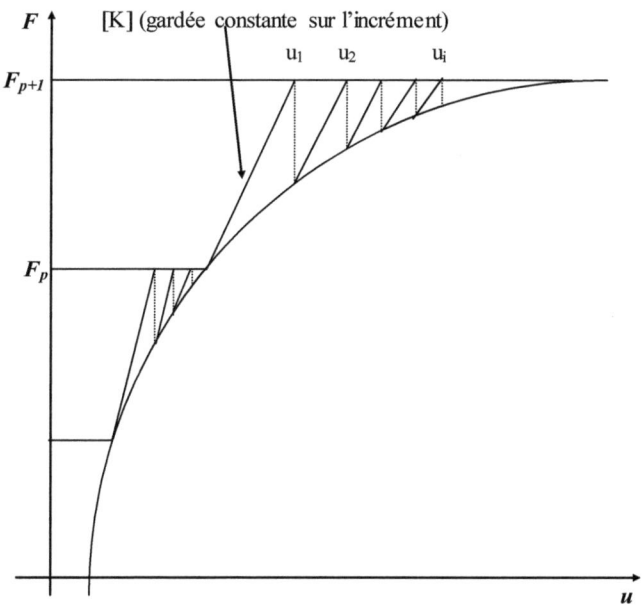

Fig III.3 : Méthode de Newton – Raphson modifiée

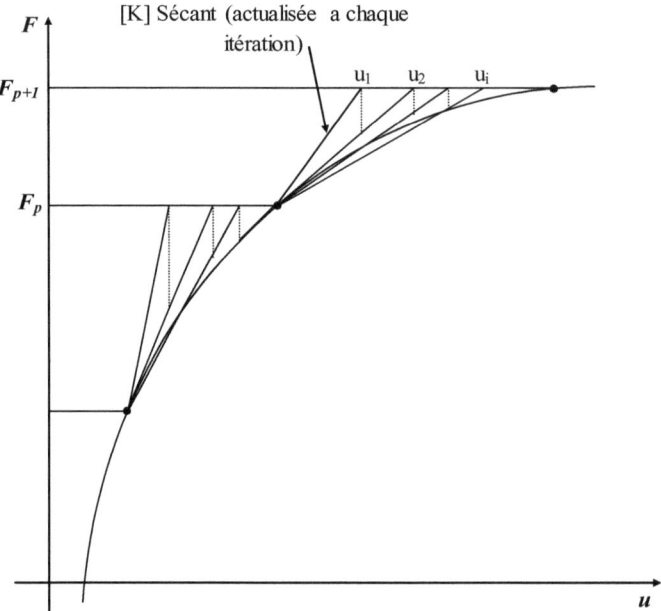

Fig III.4 : Méthode de Newton – Raphson de la sécante

III.1.3 Méthode des Contraintes Initiales

Cette méthode est une adaptation de la méthode générale de Newton – Raphson à la plasticité, où la loi de comportement est une fonctionnelle de l'histoire du matériau. Elle consiste à calculer le résidu à chaque itération à partir de l'état de contraintes résiduelles obtenues en faisant à chaque itération la différence entre les contraintes calculées d'une manière élastique et celles élasto - plastique vérifiant le critère de plasticité. Cette différence de contraintes (considérée élastique) sera minimisée par itérations jusqu'à ce que les forces résiduelles soient suffisamment voisines de zéro.

III.2 Prédiction – Correction pour la résolution des problèmes non linéaires

Ces méthodes sont bien adaptées pour traiter toutes les non linéarités possibles (non linéarité matérielle, non linéarité géométrique, non linéarité de contact,…). Elles sont basées sur un processus de prédiction – correction, qui consiste, dans une première étape, à linéariser le problème non linéaire de départ et donc d'obtenir d'abord une estimation de la solution et rechercher ensuite une solution corrective ou une direction qui est additionnée à la solution estimée. Elle permettra de s'approcher de la solution recherchée et ceci d'itération en itération. Pour obtenir cette direction corrective, on emploie ordinairement les méthodes de type Newton-Raphson, soit la méthode de Newton-Raphson standard ou une variante de celle-ci qu'on appelle modifiée.

III.2.1 Equations Fondamentales

L'équation gouvernant l'équilibre d'une structure à comportement non linéaire et discrétisée par éléments finis s'écrit :

$$\{P_{ext}(\{q\}\cdot\lambda)\} - \{Q(\{q\})\} = 0$$

Lorsque les efforts extérieurs dépendent de la déformée (charge hydrostatique, par exemple), la contribution de la matrice des forces suiveuses dans la matrice de rigidité tangente est essentielle. Dans le cas où les efforts extérieurs ne dépendent pas de la déformée de la structure, la matrice des forces suiveuses est nulle, l'équation précédente s'écrit :

$$\{P_{ext}(\lambda)\} - \{Q(\{q\})\} = 0$$

λ : paramètre de charge

$Q\{(q)\}$: vecteur des forces internes

$\{q\}$: vecteur déplacements nodaux

L'utilisation de la méthode incrémentale nous amène à considérer comme connue la configuration $C_{(t)}$ à l'instant t, et à rechercher la configuration $C_{(t+\Delta t)}$ en équilibre sous le chargement extérieur P_{ext} appliqué à l'instant $(t+\Delta t)$. L'algorithme itératif de Newton - Raphson consiste à construire une suite d'approximation de la configuration d'équilibre recherchée jusqu'à trouver une solution satisfaisant l'équation d'équilibre citée ci dessous.

III.2.2 Prédiction Elastique Linéaire

Cette partie de l'algorithme permet d'initialiser les grandeurs pour le calcul de l'équilibre, elle sert à donner une estimation linéaire de l'incrément de déplacement.

Soit un incrément de charge $\{\Delta P\}$ appliqué à la structure, la solution élastique correspondante est donnée par :

$$\{\Delta U\} = [K]^{-1}\{\Delta P\}$$

A cette solution correspond pour chaque élément fini un incrément de déformation :

$$\{\Delta\varepsilon\} = [B]\{\Delta u\}$$

Avec [B] matrice des relations déformations – déplacements de l'élément considéré.

L'assemblage des vecteurs élémentaires permet de définir un vecteur force nodale équivalent à l'état de contrainte calculé à partir des lois de comportement.

Le résidu est donc défini par : $\{R\} = \{\Delta P\} - \{\Delta Q\}$

Si le résidu est nul (à la précision prés) c'est que la solution obtenue est bonne (cela correspond à un incrément de charge linéaire de la structure), si le résidu est non nul (supérieur à la précision voulue) il faut itérer en cherchant la nouvelle solution de $\{\Delta U\} = [K]^{-1}\{\Delta P\}$, jusqu'à ce que le résidu soit suffisamment voisin de zéro.

III.2.3 Correction de L'équilibre

La méthode de Newton – Raphson est un algorithme reposant sur l'écriture, à chaque itération, du résidu autour de l'itération précédente :

$$\left\{R^{(i+1)}\right\} = \left\{R^{(i)}\right\} + \left[K^{(i)}\right]\left\{\Delta U^{(i)}\right\} \quad \dots\dots\dots\dots\dots \text{ (70)}$$

$\left\{\Delta U^{(i)}\right\} = \left\{U^{(i+1)}\right\} - \left\{U^{(i)}\right\}$ est la correction apportée à la solution par l'itération en cours.

La correction $\{\Delta U^{(i)}\}$ est alors trouvée en annulant l'approximation de $\{R^{(i+1)}\}$. C'est-à-dire en résolvant le système d'équations linéaire

$$\{R^{(i)}\} + [K^{(i)}]\{\Delta U^{(i)}\} = \{0\} \quad \dots\dots\dots\dots\dots \text{ (71)}$$

$[K^{(i)}]$ est la matrice de rigidité calculée à chaque itération.

Ceci rend la méthode de Newton – Raphson rapide en convergence (donc rapide, en terme de nombre d'itérations). Il peut parfois être avantageux (en terme du temps de calcul total de la procédure itérative) de remplacer la méthode de « Newton – Raphson standard, figure (VI.2) » par sa variante qui ne possède pas la propriété de convergence quadratique mais nécessite un temps de calcul par itération sensiblement inférieur. L'une de ces variantes : « Newton – Raphson de la sécante, figure (VI.4)» consiste à utiliser une matrice de rigidité sécante à l'intérieur de chaque incrément de l'état naturel non déformé. La deuxième « Newton – Raphson avec correction, figure (VI.3) » consiste à utiliser une matrice de rigidité calculée seulement au début de chaque incrément et garder cette valeur pour toutes les itérations.

Le processus itératif s'arrête lorsqu'on satisfait à un critère de convergence choisi à priori. Le critère de convergence contrôle le nombre d'itérations à réaliser dans un incrément, il est formulé soit directement en fonction des forces résiduelles, ou bien indirectement à travers les autres grandeurs (déplacement, déformation,…).

III.3 Procédure de résolution de NEWTON - RAPHSON

L'approche incrémentale consiste à appliquer le niveau de sollicitation par incréments successifs à l'aide d'un paramètre de charge normalisé λ en recherchant la réponse de la structure à chaque incrément. Généralement on considère le facteur de chargement λ comme une inconnue supplémentaire du problème.

Pour l'algorithme incrémental itératif de Newton - Raphson on procède comme suit :

Soit une solution non convergée a incrément p et à l'itération (i) définie par le couple charge - déplacement suivant : $\left(\left\{q_p^{(i)}\right\}, \lambda\right)$

La résolution de l'équation gouvernant l'équilibre d'une structure à comportement non linéaire consiste à la détermination de (n+1) inconnues, qui sont les (n) déplacements nodales du vecteur $\{q\}$, et le paramètre λ, en satisfaisant l'équation d'équilibre et à une équation scalaire supplémentaire sert à définir le paramètre incrémental à imposer telle que : $f(\{q\},\lambda) = 0$

Cette résolution non convergée provoque un déséquilibre entre les forces extérieures et celles intérieures. On écrit dans ce cas l'équation suivante :

$$\lambda_p^{(i)}\{P_{ext}\} - \left\{Q_p^{(i)}\left(\left\{q_p^{(i)}\right\}\right)\right\} = \left\{R_p^{(i)}\right\} \quad \dots\dots\dots\dots\dots \text{ (72)}$$

Le déséquilibre du système défini par cette équation peut être éliminé si la solution non convergée est corrigée. Le processus de Newton-Raphson nous permet de corriger la solution non convergée par une solution a l'itération (i+1) et a l'incrément p telle que :

$$\begin{cases} \left\{q_p^{(i+1)}\right\} = \left\{q_p^{(i)}\right\} + \left\{\Delta q_p^{(i)}\right\} \\ \left\{\lambda_p^{(i+1)}\right\} = \lambda_p^{(i)} + \Delta\lambda_p^{(i)} \end{cases} \quad \dots\dots\dots\dots\dots\dots\dots (73)$$

Le couple solution correctif, $\{\Delta q^{(i)}{}_p\}$, $\Delta\lambda^{(i)}{}_p$ est obtenu après résolution du système :

$$\begin{cases} \left[K_p^{T(i)}\right] \cdot \left\{\Delta q_p^{(i)}\right\} = \Delta\lambda_p^{(i)} \cdot \left\{P_{ext}\right\} + \left\{R_p^{(i)}\right\} \\ f\left(\left\{q_{p+1}\right\}, \lambda_{p+1}\right) = 0 \end{cases} \quad \dots\dots\dots\dots (74)$$

L'équation $f\left(\left\{q_{p+1}\right\}, \lambda_{p+1}\right) = 0$ sert à définir le paramètre incrémentale à imposer, nous l'explicitant lors de la présentation de chaque technique d e pilotage.

Cette procédure est générale pour les trois techniques de résolution (méthode par contrôle de charge, méthode par contrôle de déplacement, et méthode de la longueur d'arc). La différence entre l'une et l'autre de ces techniques réside dans la définition de la fonction $f\left(\left\{q_{p+1}\right\}, \lambda_{p+1}\right)$.

III.3.1 Stratégies de Résolution

L'algorithme incrémentale consiste à calculer une succession d'états d'équilibre de façon incrémentale. Selon l'expression de la fonction f({q},λ), on retrouve les trois technique de pilotage suivantes :
- technique de charge imposée (control d'effort) ;
- technique de déplacement imposé (control de déplacement) ;
- technique de longueur d'arc imposé.

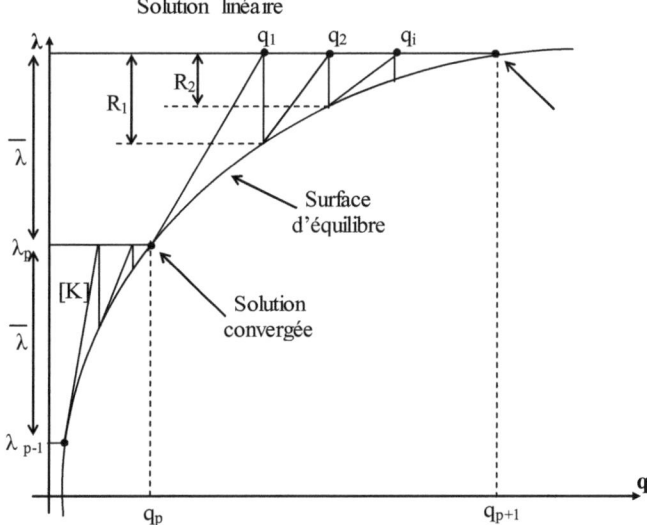

Fig III.5 : Pilotage en charge imposé

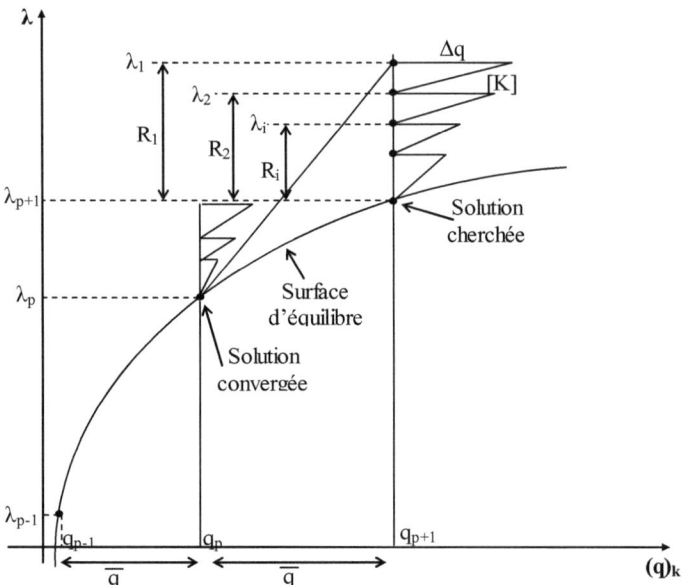

Fig III.6 : Pilotage en déplacement imposé

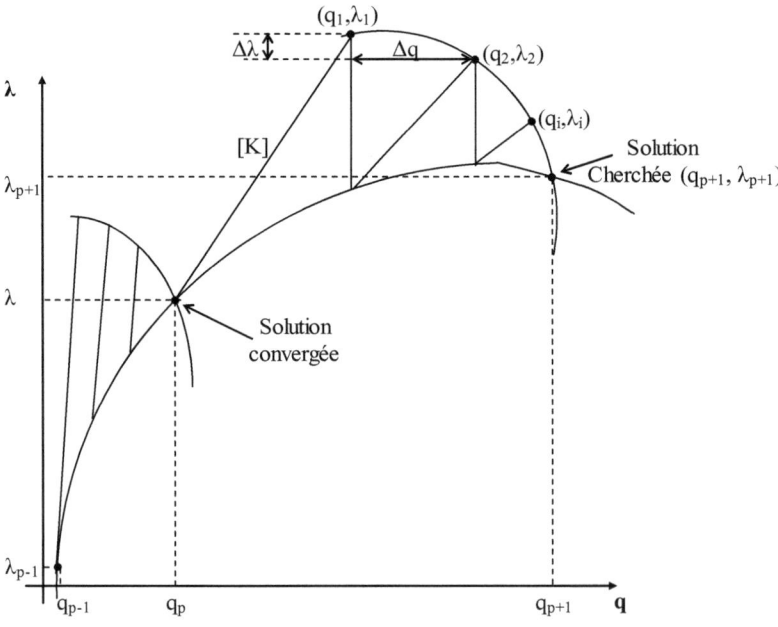

Fig III.7 : Pilotage en longueur d'arc imposé

III.3.1.A Technique de Pilotage en Charge Imposée

a. Définition de la fonction f en charge imposée

Soit $\{q_p\}$ la solution connue à l'incrément p, la fonction f de l'équation [**NOMERO EQUATION**] est définie en charge imposée par l'équation :

$$f(\{q\},\lambda) = \lambda_{p+1} - \overline{\lambda} = 0 \quad \dots\dots\dots\dots\dots\dots\dots (75)$$

Cela revient à fixer un paramètre de charge : $\overline{\lambda}$ pour l'incrément p+1 tel que : $\overline{\lambda}_{p+1} = \overline{\lambda}$

Il s'agit ensuite de trouver les (n) composantes de $\{q_{p+1}\}$ satisfaisantes à l'équation pour la valeur imposée λ_{p+1} du paramètre de charge.

Cette technique est très simple à développer. Elle permet de suivre toute la courbe charge déplacement tant qu'un point limite en charge n'est pas rencontré. Pour des déplacements modérés on peut dans certains cas suivre, tout de suite après le point limite, une branche stable de la courbe. La branche instable n'est pas détectée dans ce cas. Cependant cette technique conduit souvent, au niveau des points limitent, à une divergence. Il est préférable à ce moment là, de changer les paramètres de contrôle.

b. Algorithme de résolution de Newton–Raphson avec pilotage de charge imposée

Soit une solution $(\{q_p\}, \lambda_p)$ convergée à l'incrément p, on impose un incrément de charge à l'incrément p+1 tel que :

$$\begin{cases} f(\{q_{p+1}\},\lambda_{p+1}) = \lambda_{p+1} - \overline{\lambda} \\ \lambda_{p+1} = \overline{\lambda} \end{cases} \quad \dots\dots\dots\dots\dots (76)$$

- à l'itération i =1 on construit la matrice de rigidité tangente $K_{p+1}^{T(1)}$
Après la résolution de l'équation suivante :

$$\left[K_{p+1}^{T(1)}\right] \cdot \left\{\Delta q_{p+1}^{(1)}\right\} = \left(\overline{\lambda} - \lambda_p\right) \cdot \{P_{ext}\} \quad \dots\dots\dots\dots (77)$$

La solution à l'itération i =1 est :

$$\begin{cases} \left\{q_{p+1}^{(1)}\right\} = \{q_p\} + \left\{\Delta q_{p+1}^{(1)}\right\} \\ \lambda_{p+1}^{(1)} = \overline{\lambda} \end{cases} \quad \dots\dots\dots\dots\dots\dots (78)$$

- à l'itération i ≥2 :
On actualise la matrice de rigidité $K_{p+1}^{T(i)}$ (cas de la correction de Newton-Raphson)

- le déplacement $\left\{q_{p+1}^{i-1}\right\}$ permet de calculer les forces internes $\left\{Q_{p+1}^{i}\left(q_{p+1}^{(i-1)}\right)\right\}$
- on calcule ensuite le déséquilibre résiduel $\left\{R_{p+1}^{(i)}\right\} = \overline{\lambda}\{P_{ext}\} - \{Q_{p+1}\}$

- résoudre l'équation : $\left[K_{p+1}^{T(i)}\right] \cdot \left\{\Delta q_{p+1}^{(i)}\right\} = \Delta\lambda_{p+1}^{(i)} \cdot \{P_{ext}\} + \left\{R_{p+1}^{(i)}\right\}$

Dans le cas de charge imposée le paramètre de charge est constant sur l'incrément :

$$\begin{cases} \lambda = cte \\ \Delta\lambda = 0 \end{cases}$$

La résolution se réduit à : $\left[K_{p+1}^{T(i)} \right] \cdot \left\{ \Delta q_{p+1}^{(i)} \right\} = \left\{ R_{p+1}^{(i)} \right\}$

Ainsi à l'itération (i) la solution est :

$$\begin{cases} q_{p+1}^{(i)} = \left\{ q_{p+1}^{(i-1)} \right\} + \left\{ \Delta q_{p+1}^{(i)} \right\} \\ \lambda_{p+1}^{(i)} = \overline{\lambda} \end{cases} \quad \text{.....................} \quad (79)$$

Ce résultat constitue une première solution approchée. Si cette solution est non convergée, nous passons à l'itération suivante, si elle est convergée, nous passons à l'incrément suivant.

III.3.1.B Technique de Pilotage en Longueur d'Arc Imposée

a. Définition de la fonction f en longueur d'arc imposée de CRISFIELD

Cette technique consiste à définir la fonction f de manière à lier par un paramètre incrémental imposé, l'incrément de charge et l'incrément de déplacement, ce paramètre incrémental imposé est noté ΔL et appelé « longueur d'arc », ainsi la fonction f est définie explicitement par l'équation suivante :

$$f(\{q\}, \lambda) = \langle \Delta q \rangle \{ \Delta q \} + b \cdot \Delta\lambda^2 \cdot \langle P_{ext} \rangle \{ P_{ext} \} - \overline{\Delta L}^2 = 0$$

$\Delta\overline{L}$: longueur d'arc imposée ;

$\Delta\lambda$: paramètre incrémental de charge ;

$\{\Delta q\}$: déplacement incrémental ;

b : paramètre d'échelle entre chargement et déplacement.

La méthode de CRISFIELD consiste à définir la fonction f telle que :

$$f(\{q\}, \lambda) = \langle \Delta q \rangle \{ \Delta q \} - \overline{\Delta L}^2$$

Cette méthode utilisée aussi par de nombreux auteurs, est simple à mettre en œuvre et d'une grande efficacité.

Cette technique permet de suivre toute la courbe charge déplacement en passant tous les points limites éventuels, que ce soit en charge ou en déplacement. Cependant et contrairement à l'imposition d'une charge ou d'un déplacement, il est plus difficile, à priori, d'imposer une valeur de longueur d'arc pour un type de structure donnée. Une possibilité consiste de démarrer le processus, pour le premier incrément, en charge ou en déplacement imposé. La norme du vecteur déplacement résultat est prise comme valeur pour la longueur d'arc à l'incrément suivant les possibilités de cet algorithme étant supérieures à celles des deux précédentes.

D'après (CRISFIELD 1981), il est possible de calculer la longueur d'arc à l'incrément p+1 en se basant sur le nombre d'itération I_p nécessaire à la convergence à l'incrément p ainsi : $\Delta \overline{L}_{p+1} = \Delta \overline{L}_p \sqrt{\dfrac{I_d}{I_p}}$

c. Algorithme de résolution de Newton-Raphson avec pilotage en longueur d'arc imposée de Crisfield (b = 0)

Soit une solution $(\{q_p\}, \lambda_p)$ convergée à l'incrément p, à l'incrément p+1 on impose une longueur d'arc ΔL telle que :

$$\begin{cases} f\left(\{q_{p+1}\}, \lambda_{p+1}\right) = \langle \Delta q \rangle \{\Delta q\} - \Delta \overline{L}_{p+1}^2 = 0 \\ \Delta \overline{L}_{p+1} = \|\Delta q\| \end{cases} \quad \dotsc\dotsc\dotsc\dotsc\dotsc\dotsc (80)$$

$\|\Delta q\|$: Norme euclidienne du vecteur incrément de déplacement $\{\Delta q\}$.

Le système [**NOMERO EQUATION**] peut se mettre sous la forme suivante :

$$\begin{bmatrix} \Delta q_{p+1}^{(i)} \\ \Delta \lambda_{p+1}^{(i)} \end{bmatrix} = \begin{bmatrix} \left[K_{p+1}^{T(i)} \right] & -\{P_{ext}\} \\ 2\langle \Delta q \rangle & 2 \cdot \Delta \lambda \cdot b \cdot \langle P_{ext} \rangle \{P_{ext}\} \end{bmatrix} \begin{bmatrix} R_{p+1}^{(i)} \\ f \end{bmatrix} \quad \dotsc\dotsc\dotsc\dotsc (81)$$

C'est le système complet à résoudre à chaque itération, il est connu sous le nom de *matrice bordée* en raison de sa forme particulière où la matrice classique de raideur [K] est bordée par une ligne et une colonne supplémentaire. Ce système a l'avantage de ne pas être singulier aux points critiques (lorsque la matrice de raideur est au voisinage d'un point limite), mais a l'inconvénient de n'être ni symétrique, ni de type bande.

- à l'itération i =1 on a la matrice de rigidité tangente $\left\lfloor K_{p+1}^{T(1)} \right\rfloor$

On résout :

$$\left\lfloor K_{p+1}^{T(1)} \right\rfloor \left\{ \Delta q_{p+1}^{(1)} \right\}_R + \Delta \lambda_{p+1}^{(1)} \cdot \left\{ \Delta q_{p+1}^{(1)} \right\} = \left\{ \left\{ R_{p+1}^{(i)} \right\} + \Delta \lambda_{p+1}^{(i)} \cdot \{P_{ext}\} \right\} \dotsc\dotsc (82)$$

Pour i =1 nous avons : $\left\{ R_{p+1}^{(i)} \right\} = 0$ et $\left\{ \Delta q_{p+1}^{(1)} \right\} = 0$
On résoud ainsi :
$$\left\lfloor K_{p+1}^{T(1)} \right\rfloor \left\{ \Delta q_{p+1}^{(1)} \right\} = \{P_{ext}\} \quad \dotsc\dotsc\dotsc\dotsc\dotsc (83)$$

L'incrément de déplacement pour i =1 s'écrit :
$$\Delta q_{p+1}^{(1)} = \Delta \lambda_{p+1}^{(1)} \cdot \left\{ \Delta q_{p+1}^{(1)} \right\}_F$$
Avec $\Delta \lambda_{p+1}^{(1)} = \pm \dfrac{\Delta \overline{L}_{p+1}}{\left\| \Delta q_{p+1}^{(1)} \right\|}$

Le choix de la bonne valeur de $\Delta\lambda_{p+1}^{(1)}$ est déterminé de manière à avoir un angle positif entre le vecteur déplacement incrémental à l'itération (i-1) et le vecteur déplacement incrémental a l'itération courante (i).

Dans le cas ou i =1, le déplacement incrémental à l'itération i-1 est pris en considérant les déplacements à l'incrément p-1 et p est calculé tel que : $\{q_p - q_{p-1}\}$

Le déplacement incrémental à l'itération courant i =1 est : $\Delta\lambda_{p+1}^{(1)} \cdot \left\{\Delta q_{p+1}^{(1)}\right\}_F$

Ainsi la bonne valeur de $\Delta\lambda_{p+1}^{(1)}$ est choisie telle que :

$$\left(q_p - q_{p-1}\right) \cdot \left(\Delta\lambda_{p+1}^{(1)} \cdot \left\{\Delta\lambda_{p+1}^{(1)}\right\}_F\right) > 0$$

Ainsi la solution à l'itération i =1 est :

$$\begin{cases} \left\{q_{p+1}^{(i)}\right\} = \left\{q_p\right\} + \Delta\lambda_{p+1}^{(1)} \cdot \left\{\Delta q_{p+1}^{(i)}\right\}_F \\ \lambda_{p+1}^{(1)} = \left\{\lambda_p\right\} + \Delta\lambda_{p+1}^{(1)} \end{cases} \quad \text{............ (84)}$$

- à l'itération i≥2 on actualise la matrice de rigidité tangente $\left[K_{p+1}^{T(i)}\right]$ (cas de Newton-Raphson)

On calcule le déséquilibre (résidu) et les forces internes : $Q_{p+1}^{(i)}\left(\left\{q_{p+1}^{i-1}\right\}\right)$ comme suit :

$$\left\{R_{p+1}^{(i)}\right\} = \lambda_{p+1}^{(i)} \cdot \left\{P_{ext}\right\} - \left\{Q_{p+1}^{(i)}\right\}$$

Et on résoud le système :

$$\begin{cases} \left[K_{p+1}^{T(i)}\right] \cdot \left\{\Delta q_{p+1}^{(i)}\right\}_R = \left\{R_{p+1}^{(i)}\right\} \\ \left[K_{p+1}^{T(i)}\right] \cdot \left\{\Delta q_{p+1}^{(i)}\right\} = \left\{P_{ext}\right\} \end{cases} \quad \text{.................. (85)}$$

L'incrément de déplacement résultat s'écrit :

$$\left\{q_{p+1}^{(i)}\right\} = \left\{\Delta q_{p+1}^{(i)}\right\} + \Delta\lambda_{p+1}^{(1)} \cdot \left\{\Delta q_{p+1}^{(i)}\right\}_F \text{............. (86)}$$

Ainsi le déplacement total s'écrit :

$$\left\{q_{p+1}^{(i)}\right\} = \left\{q_{p+1}^{(i-1)}\right\} + \left\{\Delta q_{p+1}^{(i)}\right\}$$

La longueur d'arc s'écrit :

$$\Delta\overline{\lambda}_{p+1}^2 = \left\langle q_{p+1}^{(i)} - q_p\right\rangle\left\{q_{p+1}^{(i)} - q_p\right\}$$

L'équation de second degré en $\Delta\lambda_{p+1}^{(i)}$ à résoudre à chaque itération vers l'équilibre est donnée comme suit :

$$A \cdot \left(\Delta\lambda_{p+1}^{(i)}\right)^2 + B \cdot \Delta\lambda_{p+1}^{(i)} + C = 0$$

Avec :

$$\begin{cases} A = \left\langle \Delta q_{p+1}^{(i)}\right\rangle_F \cdot \left\{\Delta q_{p+1}^{(i)}\right\}_F \\ B = 2 \cdot \left\langle \Delta q_{p+1}^{(i)}\right\rangle_F \cdot \left\{\left\{\Delta q_{p+1}^{(i)}\right\}_R + \left\{q_{p+1}^{(i)} - q_p\right\}\right\} \\ C = \left\langle D\right\rangle \cdot \left\{D\right\} - \Delta\overline{L}^2 \end{cases} \quad \text{.............. (87)}$$

Et en posant $\{D\} = \left\{\Delta q_{p+1}^{(i)}\right\}_R + \left\{q_{p+1}^{(i-1)} - q_p\right\}$

La résolution de l'équation conduit à deux racines qui doivent être réelles. Dans le cas contraire on prend le calcul en réduisant la longueur d'arc. Le choix de la valeur de $\Delta\lambda_{p+1}^{(i)}$ est fait de la manière qu'au début de l'incrément ainsi $\Delta\lambda_{p+1}^{(i)}$ est choisie de façon que :

$$\left\langle q_{p+1}^{(i-1)} - q_p \right\rangle \left\{ q_{p+1}^{(i)} \right\} > 0$$

Avec :

$$\left\{ q_{p+1}^{(i)} \right\} = \left\{ q_{p+1}^{(i-1)} \right\} + \left(\left\{ \Delta q_{p+1}^{(i)} \right\}_R + \Delta\lambda_{p+1}^{(i)} \cdot \left\{ \Delta q_{p+1}^{(i)} \right\}_F \right)$$

La solution à l'itération (i) est :

$$\begin{cases} \left\{ q_{p+1}^{(i)} \right\} = \left\{ q_{p+1}^{(i-1)} \right\} + \left(\left\{ \Delta q_{p+1}^{(i)} \right\}_R + \Delta\lambda_{p+1}^{(i)} \cdot \left\{ \Delta q_{p+1}^{(i)} \right\}_F \right) \\ \lambda_{p+1}^{(i)} = \lambda_{p+1}^{(i-1)} + \Delta\lambda_{p+1}^{(i)} \end{cases} \qquad \dots\dots (88)$$

Si cette première solution est convergée on passe à l'incrément suivant, soit en imposant une autre valeur de la longueur d'arc, soit en utilisant le processus automatique déjà défini. Dans le cas contraire le processus itératif est continué sur les itérations suivantes jusqu'à la convergence.

III.4 Méthode des contraintes initiales pour les problèmes élasto - plastique

Dans le cas de l'analyse non linéaire matérielle, la correction de l'état d'équilibre peut porter sur l'un des trois termes $\{\sigma\}$, $[D_{ep}]$ ou $\{\varepsilon\}$. Dans le cas ou la correction porte sur $\{\sigma\}$ elle est dite de « contraintes initiales », lorsque la correction porte sur $\{\varepsilon\}$ la méthode est dite de « déformations initiales », si elle porte sur $[D_{ep}]$ la méthode est dite de « raideur variable ».

La méthode des contraintes initiales est une adaptation de la méthode de Newton-Raphson à la plasticité en utilisant la méthode implicite de rabattement. Elle est proposée par Zeinkiewicz et Nayak en 1972. Elle consiste à calculer le résidu à chaque itération à partir de l'état de contraintes résiduelles obtenues, cette différence des contraintes (le résidu) est considérée comme contrainte initiale redistribuée élastiquement sur toute la structure où il est possible que les contraintes s'éloignent quelque peu de frontière élastique. Pour éviter cet inconvénient, il est nécessaire qu'au terme de chaque itération les contraintes soient ramenées sur la frontière élastique de manière à vérifier la condition d'écoulement plastique. Un processus itératif se répète jusqu'à ce que les forces de redistribution vérifient le critère de convergence. Cette méthode est plus répondue et largement utilisée (Reynouard 1974, Lemaire 1975, Assan 2002).

III.4.1 Procédure de Résolution par la Méthode des Contraintes Initiales

Si la loi de comportement est telle qu'on puisse déterminer l'état de contraintes correspondante à un état de déformation donné ; c'est-à-dire si elle peut se mettre sous la forme : $\sigma = f(\varepsilon) + \sigma_0$, on peut alors faire coïncider la loi de comportement élasto - plastique, avec la relation ci-dessus et ceci par ajustement convenable de la valeur de $\{\sigma_0\}$, et on est ramené alors à la résolution par une méthode itérative d'une équation qui s'écrit :

$$\{R^{(i)}\} = \lfloor K^{(i)ep} \rfloor \cdot \{\Delta U^{(i)}\} = \{0\}$$

Comme dans la stratégie de résolution par charge imposée, l'aspect incrémental de la méthode des contraintes initiales consiste à appliquer le niveau de sollicitation par incréments successifs à l'aide d'un paramètre de charge normalisé $\bar{\lambda}$ définit a priori.

Soit une solution non convergée à l'incrément (p) et a l'itération (i) définie par le couple charge – déplacement $\left(\{q_p^{(i)}\}, \lambda_p^{(i)}\right)$ cette solution non convergée provoque un déséquilibre entre les forces extérieures est celles intérieures s'écrit à l'aide de l'équation suivante :

$$\bar{\lambda}_p \cdot \{P_{ext}\} - \left\{Q_p^{(i)}\left(\{q_p^{(i)}\}\right)\right\} = \{R_p^{(i)}\}$$

Le déséquilibre du système défini par cette équation peut être éliminé si la solution non convergée $\left(\{q_p^{(i)}\}, \bar{\lambda}_p\right)$ est corrigée. La méthode des contraintes initiales nous permet de corriger cette solution par une solution à l'itération (i+1) et après d'amener les contraintes résiduelles (plastiquement non admissibles) sur la surface d'écoulement plastique, c'est-à-dire que les contraintes sont ramenées à la valeur correcte en introduisant une contrainte initiale $\{\Delta\sigma_0\}$. Figure (III.8)

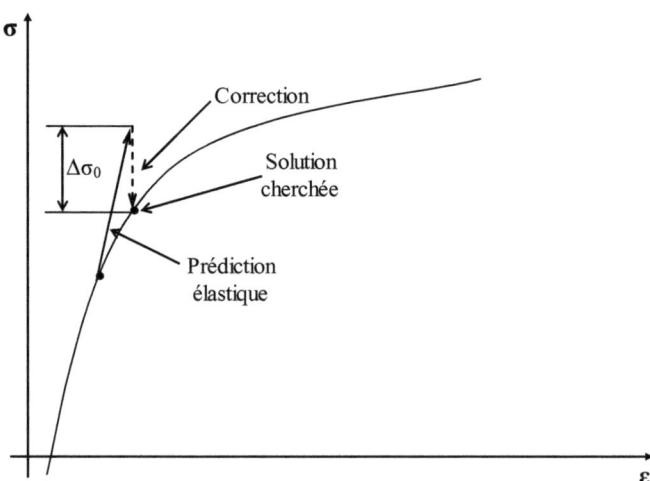

Fig III.8 : Principe de la méthode des contraintes initiales

Il faut noter qu'en tout point d'intégration, il ne peut y avoir transition du domaine élastique au domaine plastique ou inversement qu'au cours de l'incrément de chargement ; cet état demeure ensuite inchangé pour les itérations suivantes.

III.4.2 Algorithme de Résolution de la Méthode des Contraintes Initiales

Soit une solution $(\{q_p\}, \bar{\lambda}_p)$ convergée a l'incrément p, on suppose un incrément de charge p+1 tel que :
- à l'itération i =1 on construit la matrice de rigidité tangente $K_{p+1}^{T(1)}$ telle que :
$K_{p+1}^{T(1)} = K_{p+1}^{(1)ep} + K_{p+1}^{(1)\sigma}$
On résout de système :
$\left[K_{p+1}^{T(1)} \right] \cdot \left\{ \Delta q_{p+1}^{(1)} \right\} = (\bar{\lambda} - \lambda_p) \cdot \{ P_{ext} \}$ ……….. (89)
A l'itération i =1 la solution est considérée élastique car l'état du matériau dans l'espace des contraintes n'est pas encore défini. Les équations d'équilibre sont satisfaisantes, mais le calcul des contraintes peut donner l'un des cas suivants :
$F(\sigma_{ij} + \Delta\sigma_{ij}^e) < 0$ et $F(\sigma_{ij}) < 0$: le comportement reste élastique et l'évaluation de $\{\Delta\sigma_{ij}^e\}$ est correct.

$F(\sigma_{ij} + \Delta\sigma_{ij}^e) < 0$ et $F(\sigma_{ij}) = 0$: il y a décharge élastique, $\{\Delta\sigma_{ij}^e\}$ est correct.

$F(\sigma_{ij} + \Delta\sigma_{ij}^e) > 0$: Une plastification s'est produite au cours de cette itération. Le calcul des contraintes supposé élastique conduit à un état plastiquement non admissible (figure III.9.a) et (figure III.9.b). On doit effectuer une correction sur le tenseur de contraintes (calcul du rabattement) afin de le ramener sur la surface d'écoulement en appuyant sur l'approche de rabattement de la méthode implicite. On utilisant les relations :

$$\begin{cases} \{\Delta N^p\} = |1 - R| \cdot \{\Delta N_i^e\} - \lambda [D_m] \cdot \left\{ \dfrac{\partial F}{\partial N} \right\} \\ \{\Delta \varepsilon^p\} = \lambda \cdot \left\{ \dfrac{\partial F}{\partial N} \right\} \end{cases} \text{………………. (90)}$$

$$\begin{cases} \{\Delta M^p\}^m = |1 - R| \cdot \{\Delta M^e\}_i - \lambda [D_f] \cdot \left\{ \dfrac{\partial F}{\partial M} \right\} \\ \{\Delta \chi^p\}^m = \lambda \cdot \left\{ \dfrac{\partial F}{\partial M} \right\} \end{cases} \text{………….. (91)}$$

- à l'itération i≥2 on actualise la matrice de rigidité $\left[K_{p+1}^{T(i)} \right]$ (cas de la correction de Newton-Raphson)

- le déplacement $\{ q_{p+1}^{(i-1)} \}$ permet de calculer les forces internes $\{ Q_{p+1}^i (q_{p+1}^{(i-1)}) \}$
- on calcul ensuite le déséquilibre résidu par l'équation suivante :
$\left[K_{p+1}^{T(i)} \right] \cdot \{ \Delta q_{p+1}^{(i)} \} = \{ R_{p+1}^{(i)} \}$

Ainsi le calcul des contraintes peut donner l'un des cas précédents cités à l'itération (1).

Si cette solution est convergée le processus est continué sur les incréments suivants, si non nous passons à l'itération suivante jusqu'à la convergence. La différence entre la méthode implicite de rabattement et la méthode des contraintes initiales c'est que la première divise l'incrément de contraintes en m parties pour tous les incréments. Au contraire la méthode des contraintes initiales ne divise pas l'incrément de contraintes, mais elle s'appuie sur la minimisation du résidu, on cherche la partie qui garde le critère vérifié et on redistribue le reste de manière à faire apparaître des déformations plastiques et satisfaire les équations d'équilibre (figure III.10), cela assure la précision et la rapidité à la fois.

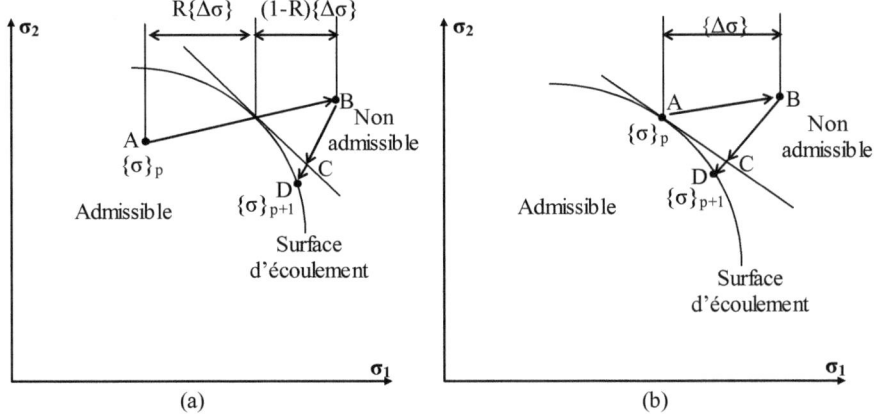

Fig III.9 : a- Etat élasto-plastique (R≠0), b- Etat complètement plastique (R=0)

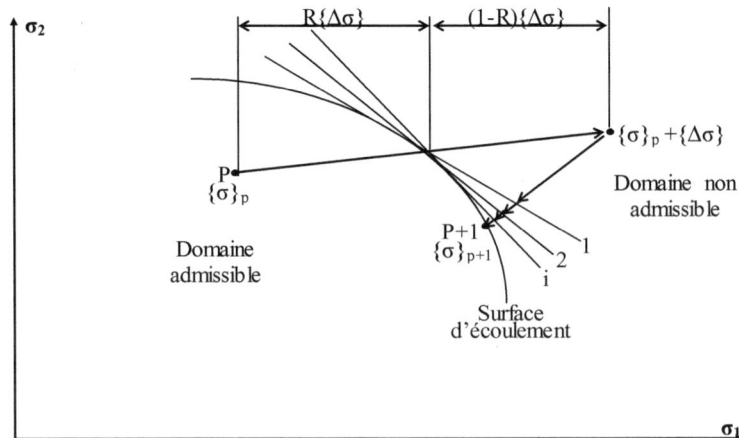

Fig III.10 : Rabattement par la méthode des contraintes initiales

76

III.4 Critères de convergences

Le processus de redistribution des forces nodales résiduelles se continue à cause du manque s'équilibre jusqu'à ce qu'elles deviennent négligeables. Un critère de convergence est donc nécessaire pour vérifier la condition d'équilibre. Ainsi l'équilibre du solide est jugé satisfaisant quand la norme du résidu d'équilibre (sur un incrément) est suffisamment petite comparativement à la norme du premier résidu.

- le critère de forces s'écrit : $\dfrac{\left\|R_p^1\right\|}{\left\|R_p^i\right\|} \leq \varepsilon_r$ .... (92)

Où ε_r est le seuil de convergence du résidu.

$\left\|R_p^1\right\|$, $\left\|R_p^i\right\|$ sont respectivement le résidu à l'itération (1), et le résidu à l'itération (i).

Dans la pratique, il est observé que pour certains cas, ce critère est insuffisant et même pour une faible valeur du ε_r on peut observer des variations au niveau du vecteur de champ du déplacement. Pour garantir que la solution obtenue constitue une bonne mesure du champ du déplacement il faut assurer aussi que la norme de la dernière correction $\left\|\Delta q_p^{(i)}\right\|$ est suffisamment petite par rapport au déplacement cumulé sur l'incrément.

- le critère de déplacements s'écrit : $\dfrac{\left\|\Delta q_p^{(i)}\right\|}{\left\|q_p^{(i)} - q_{p-1}\right\|} \leq \varepsilon_d$ .... (93)

$\left\{\Delta q_p^{(i)}\right\}$: Déplacement incrémental a l'itération (i)

$\left\{q_p^{(i)}\right\}$: Solution actuelle a vérifié

$\left\{q_{p-1}\right\}$: Solution convergée de l'incrément p-1

ε_d : est le seuil de convergence du vecteur déplacement.

La valeur de $\varepsilon_d = 10^{-3}$ conduit généralement a des résultats très satisfaisants.

PARTIE B

**CHAPITRE IV
VALIDATION NUMERIQUE**

IV. VALIDATION NUMERIQUE

IV.1 Propriétés matérielles et model constitutif

Pour la validation du modèle numérique proposé nous avons exploités les résultats expérimentaux des essais effectués sur poteaux rectangulaires (testés sous chargement axial et après 3ans de conservation à l'aire libre) en acier laminé à froid et soudé, vides et remplis du béton à base de laitier cristallisé (section formée en double U soudée partiellement, gravier remplacé par le laitier cristallisé) réalisés par **N.Ferhoune et J.Zeghiche** en **2007** (V1, V2, V3, V4, P1, P2, P3, P4), ainsi que ceux de **J.Zeghiche** et **D. Beggas** réalisés en **2008** sur des poteaux rectangulaires (testés à la compression axial) en acier formés en double U et soudés sur le grand coté, vides et remplis du béton à base de laitier cristallisé (EWL50, EWL100, EWL150, EWL200, EWL300, EWL400, EWL500, CWL50, CWL100, CWL150, CWL200, CWL300, CWL400, CWL500). Également ceux de **Khandaker M. et Anwar Hossain** (en **2003)** réalisés sur des poteaux carrés en acier laminé à chaud remplis du béton ordinaire testé sous chargement axial (6S1nc, 9S1nc, 12S1nc, 16S1nc, 18S1nc, 24S1nc), et les travaux de **Lam et Williams** en **2004** (RHS1C30, RHS1C50, RHS1C90, RHS2C30, RHS2C50, RHS2C90, RHS3C30, RHS3C50, RHS3C90) effectués sur le comportement des poteaux rectangulaires en acier laminé à chaud remplis du béton à différents résistances. Les résultats expérimentaux des poteaux rectangulaires en acier remplis du béton sous chargement axial et excentrique réalisés par **Shakhir Khalil** et **J.Zeghiche** en **1989** ont été aussi objet de validation numérique dans cette étude (PR1, PR2, PR3, PR4, PR5, PR6, PR7). Les différentes caractéristiques des matériaux utilisés dans la fabrication de ces poteaux sont présentées dans le tableau ci dessous :

Tableau IV.1 : caractéristiques géométriques et matériels

Nom du poteau	B (mm)	H (mm)	t (mm)	L (mm)	H/t	L/H	f_v (MPa)	σ_{b28} (Mpa)
V1	72	97	2.4	196	40.42	2.02	295	/
V2	69	99	2.5	298	39.6	3.01	295	/
V3	71	97	2.3	390	42.17	4.02	295	/
V4	70	100	2.4	490	41.67	4.9	295	/
P1	72	99	2.40	196	41.25	1.98	295	20
P2	71	100	2.5	295	40	2.95	295	20
P3	68	98	2.3	390	42.61	3.98	295	20

P4	70	98	2.3	490	42.61	5	295	20
EWL 50	75	98	2	50	49	0.51	300	/
EWL100	74	98	2	100	49	1.02	300	/
EWL150	74	98	2	150	49	1.53	300	/
EWL200	74	96	2	200	48	2.08	300	/
EWL300	72	94	2	300	47	3.19	300	/
EWL400	74	96	2	400	48	4.17	300	/
EWL500	75	98	2	500	49	5.10	300	/
CWL 50	72	98	2	50	49	0.51	300	20
CWL100	74	98	2	100	49	1.02	300	20
CWL150	73	98	2	150	49	1.53	300	20
CWL200	74	95	2	200	47.5	2.11	300	20
CWL300	74	95	2	300	47.5	3.16	300	20
CWL400	75	95	2	400	47.5	4.21	300	20
CWL500	75	97	2	500	48.5	5.15	300	20
6S1nc	50	50	1.6	300	31.25	6	275	21
9S1nc	50	50	1.6	450	31.25	9	275	21
12S1nc	50	50	1.6	600	31.25	12	275	21
16S1nc	50	50	1.6	800	31.25	16	275	21
18S1nc	50	50	1.6	900	31.25	18	275	21

24S1nc	50	50	1.6	1200	31.25	24	275	21
RHS1C30	80	120	12.0	360	10	3	333	24
RHS1C50	80	120	12.0	360	10	3	333	40
RHS1C90	80	120	12.0	360	10	3	333	72
RHS2C30	80	160	6.4	480	25	3	333	24
RHS2C50	80	160	6.4	480	25	3	333	40
RHS2C90	80	160	6.4	480	25	3	333	72
RHS3C30	160	240	7.5	720	32	3	333	24
RHS3C50	160	240	7.5	720	32	3	333	40
RHS3C90	160	240	7.5	720	32	3	333	72
PR1	80	120	5	2760	24	23	386.3	44
PR2	80	120	5	2760	24	23	386.3	40
PR3	80	120	5	2760	24	23	384.7	40
PR4	80	120	5	2760	24	23	384.7	44
PR5	80	120	5	2760	24	23	343.3	43
PR6	80	120	5	2760	24	23	343.3	45
PR7	80	120	5	2760	24	23	357.5	44

Excentricité de la charge pour les poteaux testés par **Shakhir Khalil** et **J.Zeghiche**

Poteau N°	Excentricité selon l'axe (XX) e_X (mm)	Excentricité selon l'axe (YY) e_Y (mm)
PR1	0	0
PR2	24	0
PR3	60	0
PR4	0	16
PR5	0	40
PR6	24	16
PR7	60	40

IV.1.1. Acier

Le critère de Von Mises initialement conçus pour la plastification des métaux, est développé aux bétons (Suidan & Schnobrich 1973, Nahas 1986 Vallapian & Doolanl972, Scordelis 1975, Ulm 1996, Kang 1997).

Le critère de Von Mises est exprimé uniquement en fonction du second invariant du déviateur de contrainte : F (J_2)= $J_2 - k^2$ =0 .... (94)

Donc, il est déterminé par le seul paramètre k = σ_{oct} /$\sqrt{3}$ et la plastification du matériau se produit dans le cas des matériaux ductiles. (FigIV.2)

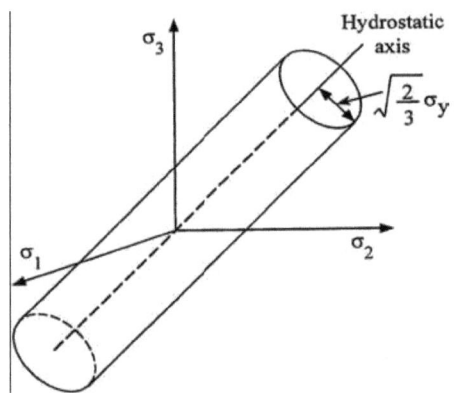

FigIV.2 : Critère de Von Mises dans l'espace principal tridimensionnel pour le tube en acier

Dans l'espace de contrainte principale le critère de Von Mises s'écrit :

$$F = \sqrt{3J_2} = \frac{1}{\sqrt{2}} \sqrt{(\sigma_1 - \sigma_2)^2 + (\sigma_2 - \sigma_3)^2 + (\sigma_3 - \sigma_1)^2} = \sigma_y \quad \ldots\ldots (95)$$

D'ou J_2 est le second invariant de déviateur de contrainte et σ_1, σ_2, σ_3 sont les contraintes principales.

Le modèle pris pour l'acier suppose que le comportement de ce dernier soit élastique parfaitement plastique, donc dans ce cas, quand la contrainte est inférieure à la contrainte d'écoulement l'acier se comporte élastiquement et quand la contrainte atteigne la contrainte d'écoulement le comportement sera parfaitement plastique et l'acier ne peut pas supporter une charge de plus.

Dans l'analyse, l'acier utilisé à un module de Young égale à 205000MPa et un coefficient du Poisson égale à $v_s = 0.3$.

Sachant que l'acier utilisé pour les poteaux P1, P2, P3, P4 a une section rectangulaire laminé à froid formé en double U et soudé, ce qui indique qu'il comporte des contraintes résiduelles dues à la non rectitude, aux défauts géométriques de fabrication et à la soudure. Pour tenir compte de ces derniers et d'après les études effectuées par THOMAS Marc et CHAMPLIAUD Henri en 2005 ainsi que F. BELAHCENE, J. HOBLOS en 2006 sur l'estimation et l'effet des contraintes résiduelles dans les aciers ont conclus que la contrainte résiduelle dans l'acier peut atteindre 4% f_y selon le type d'acier ainsi que le mode de fabrication. Pour le cas des poteaux testés par *N.Ferhoune et J.Zeghiche*, et ceux réalisés par *J.Zeghiche* et **D. Beggas** nous avons estimé la contrainte résiduelle a 2%f_y à cause des défauts de non rectitude et de géométrie ainsi que les défauts causés par la soudure à l'arc électrique (effet de pliage, cintrage, …) comme l'indique la figure ci après.

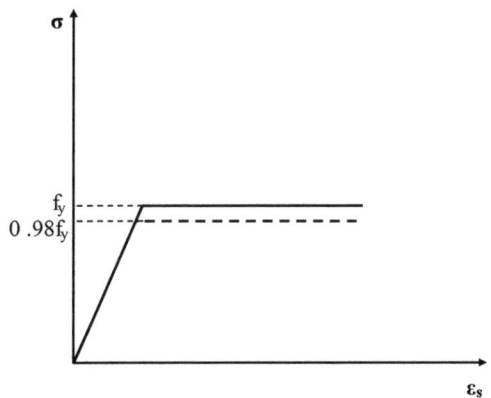

Fig. IV.3 : model élastique parfaitement plastique pour l'acier

IV.1.2. Béton

La valeur représentative de coefficient de poisson dans le cas de la compression uni axiale est de 0.19 ou 0.2 (ASCE 1982). Dans cette étude, la valeur prise de coefficient de poisson est $v_s = 0.2$. Le module de Young est pris E = 30000 MPa.

Sous l'effet de la compression uni axiale la contrainte de compression et sa déformation correspondante dans le cas du béton un confiné sont respectivement f_{c0}' et ε_{c0} (Fig. IV.4). La valeur de ε_{c0} est usuellement autour de 0.002 et 0.003. La valeur représentative proposée par le comité ACI (1999) et utilisée dans l'analyse est ε_{co} = 0.003.

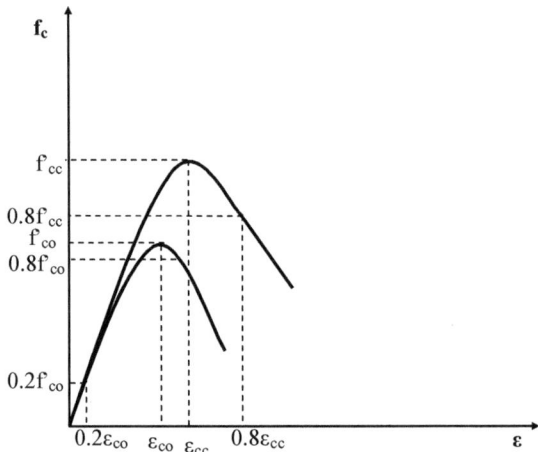

Fig. IV.4 : Courbe uni axiale proposée de Contrainte - Déformation pour le béton confiné

Dans le cas où le béton est soumis à une pression latérale de confinement, l'effort de compression uni axiale f_{cc}' et la déformation correspondante ε_1 (FigIV.4) sont plus grandes que celles du béton un confiné.
La relation entre f_{cc}', f_{c0}' et entre ε_1 et ε_{01} proposée par Mander, patentée par Park (en 1988) et utilisée dans cette investigation, elle est donner comme suit :

$$f'_{cc} = f'_{c0} + K_1 f_l \ \dots\dots\dots\dots (96)$$

$$\varepsilon_1 = \varepsilon_{c0} [1 + K_2(f_l / f'_{cc})] \ \dots\dots\dots (97)$$

Avec f_l est la pression latérale de confinement. Suite aux résultats de leurs essais expérimentaux, Richart et al [1] ont évalué moyennement les coefficients K_1 et K_2 aux valeurs respectives 4.1 et 5 K_1. Il a été également conclu que la résistance du béton confiné par une pression hydrostatique passive est sensiblement égale à celle d'un béton soumis à une pression passive latérale équivalente de confinement dû à la présence d'armature en spires étroitement espacées. L'influence des armatures transversales sur le comportement des sections en béton armé à fait l'objet d'une étude précoce menée par King [2].

La valeur de la pression latérale peut être déterminée analytiquement pour le cas des poteaux circulaires par la formule suivante :

$$f_l = \frac{2t}{D-2t}\sigma_{Sh} \quad \ldots\ldots\ldots\ldots\ldots\ (98)$$

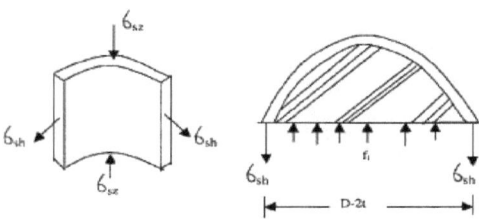

Fig. IV.5 : effet de confinement des poteaux en acier remplis du béton

D'où σ_{sh} est la contrainte de cercle en acier à la charge limite. D et t sont respectivement le diamètre et l'épaisseur de la section d'acier.

La valeur de σ_{sh} est une fraction de la contrainte d'écoulement f_y et qui peut être écrite $\sigma_{sh} = \alpha\, f_y$ [3]. D'après les études effectuées (Hossain 2000, 2001) la valeur de coefficient α est entre 0.18 et 0.24 pour le cas d'une charge concentrée et entre 0.16 et 0.20 pour le cas d'une charge excentrée.

Puisque le béton logé dans l'acier est soumis à une compression triaxiale, la rupture de béton est caractérisée par une expansion latérale avec l'augmentation de la pression hydrostatique (Hence and al). Le critère de d'écoulement de Drucker - Prager (Fig. IV.6) est utilisé pour modeler la surface d'écoulement du béton, dont l'expression s'écrit :

$$G = t - p\tan\beta - d = 0 \quad \ldots\ldots\ldots\ldots\ (99)$$

Où

$$P = -(\sigma_1 + \sigma_2 + \sigma_3)/3, \qquad d = [1 - (\tan\beta)/3]f_{cc}'$$

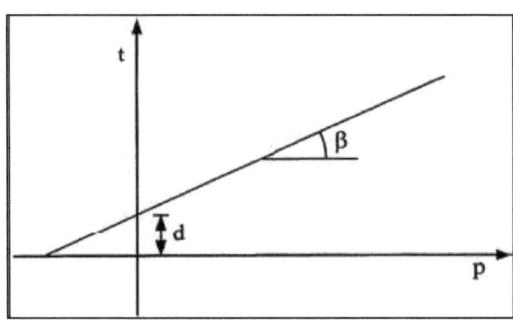

Fig. IV.6 : critère Drucker – Prager pour le béton

$$t = \frac{\sqrt{3J_2}}{2}\left[1+\frac{1}{K}-\left(1-\frac{1}{K}\right)\left(\frac{r}{\sqrt{3J_2}}\right)^3\right] \quad \dots\dots\dots\dots\dots \quad (100)$$

$$r = \left[\frac{9}{2}\left(S_1^{\ 3} + S_2^{\ 3} + S_3^{\ 3}\right)\right]^{\frac{1}{3}} \quad \dots\dots\dots\dots\dots\dots\dots\dots\dots \quad (101)$$

σ_1, σ_2 et σ_3 sont les contraintes principales du déviateur, les constantes K et β sont les paramètres matériels déterminés expérimentalement. Dans l'analyse les valeurs utilisées sont K=0.8 et β=20° (Wu, 2000)

La relation contrainte - déformation proposée par Saenz (1964) a été largement adoptée comme courbe uni axiale de la relation contrainte - déformation pour le béton elle est de la forme suivante :

$$f_C = \frac{E_C \varepsilon_C}{1+\left(R+_E -2\right)\left(\frac{\varepsilon_C}{\varepsilon_1}\right)-\left(2R-1\right)\left(\frac{\varepsilon_C}{\varepsilon_1}\right)^2+R\left(\frac{\varepsilon_C}{\varepsilon_1}\right)^3} \quad \dots\dots\dots \quad (102)$$

D'où : $R = \dfrac{R_E\left(R_\sigma -1\right)}{\left(R\varepsilon -1\right)^2} - \dfrac{1}{R\varepsilon}$

$$R_E = \frac{E_C \varepsilon_1}{f'_{cc}}$$

Dont $R_\sigma = 4$ et $R_\varepsilon = 4$ peuvent être employés (Hu et Schnobrich, 1989). Le module de Young initiale est fortement relié à la contrainte de compression et qui peut être déterminé en utilisant la formule empirique donnée par ACI 1999 :

$$E_C = 4700\sqrt{f'_{cc}} \quad \text{en MPa}$$

Dans la courbe contrainte – déformation (Fig3) la courbe est supposée linéaire descendante quand la déformation du béton $\varepsilon_{01} > \varepsilon_1$, et si K_3 est le paramètre de dégradation matériel, on assume que la ligne descendante se termine par le point de coordonner $f_c = K_3 f'_{cc}$ et $\varepsilon_{20} = 10\,\varepsilon_{01}$

Généralement, les paramètres f_1 et k_3 doivent être fournis pour définir complètement la relation uni axial contrainte - déformation. Ces deux paramètres dépendent apparemment du rapport d'épaisseur de diamètre (D/t ou B/t), de la forme en coupe, et de raideur en conséquence.

D'après les études effectuées en 2003 par Hu et al sur le comportement non linéaire des poteaux en acier remplis du béton soumis à un chargement axial [32], l'effet de confinement est significatif lorsque le rapport H/t (grand dimension de la section transversale / épaisseur de l'acier) est petit. D'autre part lorsque H/t ≥29.2 dans ce cas il y'a pas d'effet de confinement c'est-à-dire que la pression latérale fl est prise égale à zéro.

IV.2. Modélisation

Pour le calcul numérique, nous avons utilisé le logiciel ABAQUS qui est un programme en élément finis puissant dans le non linéarité. L'acier est modélisé par des éléments coque à quatre nœuds (code ABAQUS l'élément s'appel : **S4R**), le béton est modélisé par des éléments solides à huit nœuds (code ABAQUS l'élément s'appel : **C3D8**), le contacte entre acier et béton est supposé partiel (adhérence partielle, coefficient de frottement acier – béton et pris égale à 0.25 d'après les études effectuées par Ehab Ellobodya, Ben Young en 2006. Concernant les conditions aux limites on suppose que dans la face supérieure les déplacements et les rotations selon les axes x, y et z sont nulles u = v = w = $\theta_X = \theta_Y = \theta_Z = 0$ (more fixe), sur la partie inférieure les rotations selon les trois axes sont nulles et les déplacements selon les deux axes x et y sont posé nulles u = v = 0 et libéré le déplacement selon l'axe z (more mobile). Pour le cas de chargement axial centré, la force de compression est uniformément repartie sur le bout dont la direction selon l'axe z est libre (mort mobile). Dans le cas d'un chargement excentrique elle est concentrée sur le point d'excentrement de la charge [pour le cas des poteaux réalisés par **Shakhir et Zeghich** la force est appliquée par l'intermédiaire des plaques en acier de 120x80x75mm soudées sur les deux bouts des poteaux (supérieur et inférieur)]. La méthode utilisée est la méthode d'incrément de longueur d'arc dite méthode de RIKS modifiée qui ce trouve dans la librairie de code ABAQUS. La géométrie de l'acier utilisé dans le model est rectangulaire et carrée sauf pour le cas de la série des poteaux P (P1, P2, P3, P4) dont la section est formée en double U soudé partiellement sur le grand coté. Les nœuds de contact entre les deux sections en U ont été pris comme des nœuds de contact de soudure (appelés dans la bibliothèque de l'abaqus « Weld connector » qui fournit un raccordement entièrement collé entre deux nœuds). La section d'acier et de béton est maillée par des éléments de 10x10mm^2 pour les échantillons d'élancement (200 à 450mm), pour les poteaux d'élancement supérieur à 450mm nous avons choisis des éléments de 20x20mm^2 pour réduire le temps du calcul. L'analyse a été faite avec prise en compte du non linéarité géométrique et matérielle.

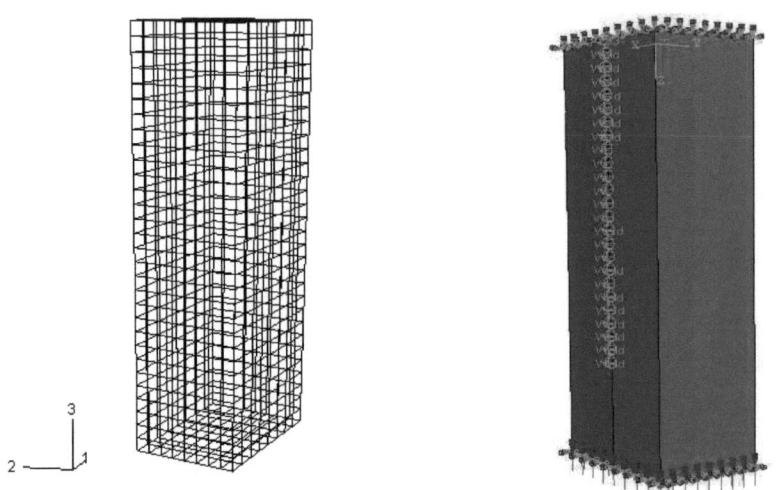

Fig. IV.7 : Exemple de maillage et condition au limite (Poteau P2)

IV.3. Présentation de logiciel ABAQUS

Abaqus est avant tout un logiciel de simulation par éléments finis de problèmes très variés en mécanique créé en 1978. Il est connu et répandu, en particulier pour ses traitements performants de problèmes non - linéaires il comporte deux grands codes de calcul :

- **ABAQUS/Standard**: résolution par un algorithme statique;

- **ABAQUS/Explicit**: résolution par un algorithme dynamique explicite.

Le cœur du logiciel Abaqus est donc ce qu'on pourrait appeler son "**moteur de calcul**". À partir d'un fichier de données (caractérisé par le suffixe .inp). Il y a deux méthodes pour générer un fichier d'entrée (.inp): à la main (fichier texte), avec ABAQUS/CAE (graphique), qui décrit l'ensemble du problème mécanique, le logiciel analyse les données, effectue les simulations demandées, et fournit les résultats dans un fichier .odb. La structure du fichier de données peut se révéler rapidement complexe : elle doit contenir toutes les définitions géométriques, les descriptions des maillages, des matériaux, des chargements, etc., suivant une syntaxe précise. Abaqus propose le module Abaqus CAE, interface graphique qui permet de gérer l'ensemble des opérations liées à la modélisation comme suit :

- la génération du fichier de données ;
- le lancement du calcul proprement dit ;
- l'exploitation des résultats.

Présentation rapide du module CAE

Le module CAE se lance en entrant simplement la commande : **abaqus cae**

Il se présente sous la forme d'une interface graphique et propose les deux sous – modules suivants :
▶ Sketch
▶ Part
▶ Property
▶ Assembly
▶ Step
▶ Interaction
▶ Load
▶ Mesh
▶ Job
▶ Visualization

Les huit premiers sous - modules servent à définir le problème mécanique à simuler. Le module Job est celui qui gère le passage du calcul de simulation proprement dit, c'est-à-dire le cœur du code. Enfin, le dernier module regroupe tout ce qui concerne l'exploitation des résultats sous forme de diverses visualisations.

L'ABAQUS utilise les domaines physiques suivants : Mécanique, Thermique, Électrique (piézo et thermique), Problèmes couplés. Les catégories d'éléments utilisées dans ce code sont : Milieu continu (2D et 3D), Poutres, plaques, coques, Éléments spéciaux (ressorts, masses,...etc.), il comporte un très large choix d'éléments (plus de 100). Ce logiciel utilise trois types d'analyses non linéaires : Matériel, géométrique et de contact. Dans la non linéarité matérielle on trouve quatre théories disponibles : Hyper - élasticité, Plasticité, Visco - plasticité, Endommagement. Concernant la non linéarité géométrique elle comporte : Grandes déformations, Grands déplacements, Grandes rotations, Instabilités (bifurcations, points - limites).

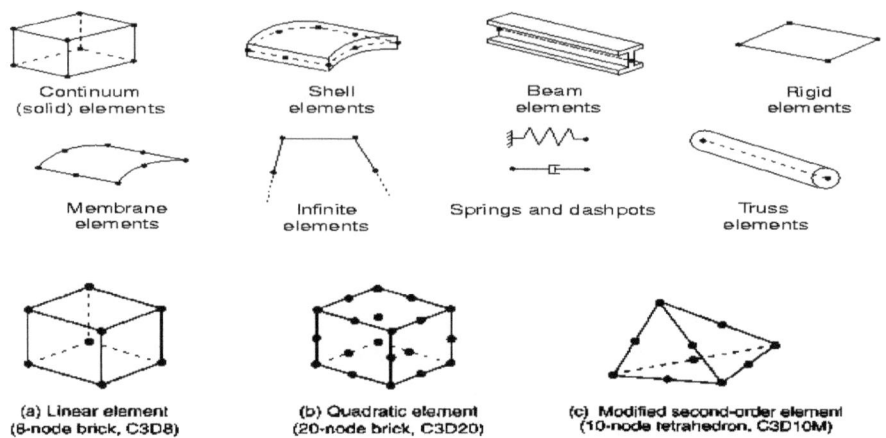

Fig. IV.8 : Déférents types d'élément de la bibliothèque d'Abaqus

IV.4. Résultats

Les résultats du calcul numériques obtenus des poteaux mixtes sous chargement axial de compression ainsi que ceux donnés expérimentalement et par la prédiction de règlement eurocode 4 et eurocode 3 sont présentés dans le tableau ci dessous :

Tab IV.2 : Capacité portante donnée expérimentalement, par éléments finis et par EC4

Nom du poteau	Charge axiale expérimentale (KN) P_{test}	Charge axiale Eléments finis (KN) P_{EF}	Charge axiale donnée par EC4 (KN) P_{EC4}	Charge axiale donnée par EC3 (KN) P_{EC3}	P_{EF}/P_{test}	P_{EC4}/P_{test}	P_{EC3}/P_{test}
V1	150	147.57	/	205.61	0.984	/	1.371
V2	146	144.70	/	212.61	0.991	/	1.456
V3	130	128.9	/	196.08	0.992	/	1.508
V4	120	119.23	/	202.20	0.994	/	1.685
P1	347	323.8	302	/	0.933	0.870	/
P2	344	329.9	309	/	0.959	0.898	/
P3	339	303.7	301	/	0.896	0.888	/

P4	264	249.4	256	/	0.963	0.970	/
EWL 50	183	195.8	/	184.4	1.07	/	1.007
EWL100	180	178.4	/	183.3	0.99	/	1.018
EWL150	174	173.8	/	183.3	0.99	/	1.053
EWL200	169	165	/	181.1	0.98	/	1.072
EWL300	154	153.7	/	176.7	0.99	/	1.15
EWL400	150	148.14	/	181.1	0.99	/	1.21
EWL500	145	142.1	/	181.9	0.98	/	1.25
CWL 50	490	493.2	272	/	1.006	0.56	/
CWL100	310	315.5	268	/	1.018	0.86	/
CWL150	300	302.1	274	/	1.007	0.91	/
CWL200	290	288.7	270	/	0.99	0.93	/
CWL300	270	271.3	270	/	1.005	1	/
CWL400	265	264.7	273	/	0.99	1.030	/
CWL500	260	257.6	276	/	0.99	1.062	/
6S1nc	185	185.6	167	/	1.003	0.928	/
9S1nc	180	181.3	165.5	/	1.007	0.919	/
12S1nc	175	168	163.2	/	0.960	0.933	/
16S1nc	170	162	160.3	/	0.953	0.943	/
18S1nc	165	158.8	158.5	/	0.962	0.961	/

24S1nc	156	151	156.7	/	0.968	1.004	/
RHS1C30	1600	1611.2	1535.6	/	1.007	0.959	/
RHS1C50	1675	1685.4	1621.6	/	1.006	0.968	/
RHS1C90	1820	1833.8	1794	/	1.008	0.986	/
RHS2C30	1200	1202.8	1206	/	1.002	1.005	/
RHS2C50	1360	1343.7	1364	/	0.988	1.002	/
RHS2C90	1678	1669.3	1681	/	0.995	1.001	/
RHS3C30	2670	2662.1	2686.2	/	0.997	1.003	/
RHS3C50	3200	3168.7	3218	/	0.990	1.005	/
RHS3C90	4260	4263.1	4272	/	1.0007	1.003	/
PR1	600	618	588.9	/	1.03	0.982	/
PR2	393	403.1	362.3	/	1.025	0.922	/
PR3	232	233.4	211.2	/	1.006	0.910	/
PR4	260	258.85	243.3	/	0.995	0.936	/
PR5	210	213.1	185.6	/	1.014	0.884	/
PR6	268	265.3	238.8	/	0.989	0.891	/
PR7	160	156.8	140.9	/	0.98	0.881	/

D'après les résultats présentés sur le tableau précèdent, on remarque bien que la capacité portante calculée numériquement des poteaux vides (V1, V2, V3, V4) avec prise en compte d'effet des contraintes résiduelles et de la soudure partielle donne une bonne concordance par rapport à celle donnée expérimentalement. L'erreur de sous estimation de la charge axial maximal de compression varie de 0.6% à 1.6%. Par contre la capacité portante prédite par le règlement EC3 est largement supérieure à celle donnée expérimentalement (sur estimation varie de 37.1% à 68.5%) ce qui veut dire que l'EC3 n'est pas conservative. Cette surestimation de capacité portante donnée par le règlement EC3 est due essentiellement aux effets des contraintes résiduelles et à la soudure partielle qui n'est pas prise en compte par le règlement dans l'estimation de la capacité portante (Fig. IV.9 et Fig. IV.10).

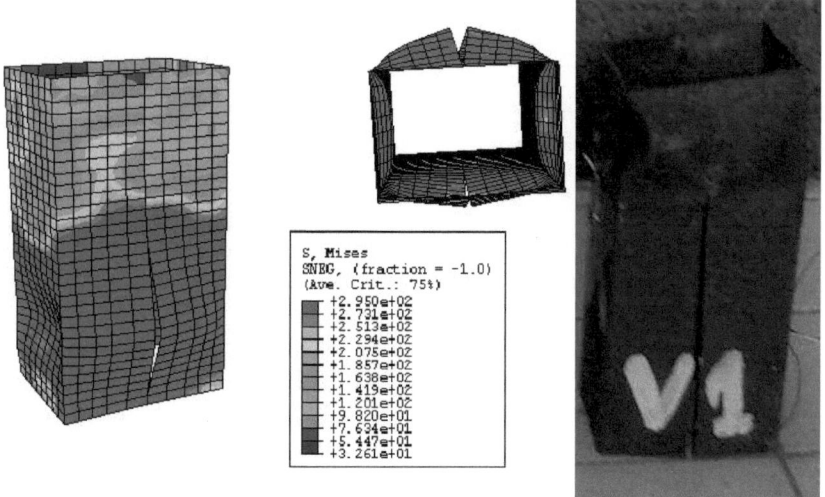

Fig. IV.9 : Mode d'instabilité et répartition des contraintes poteau V1

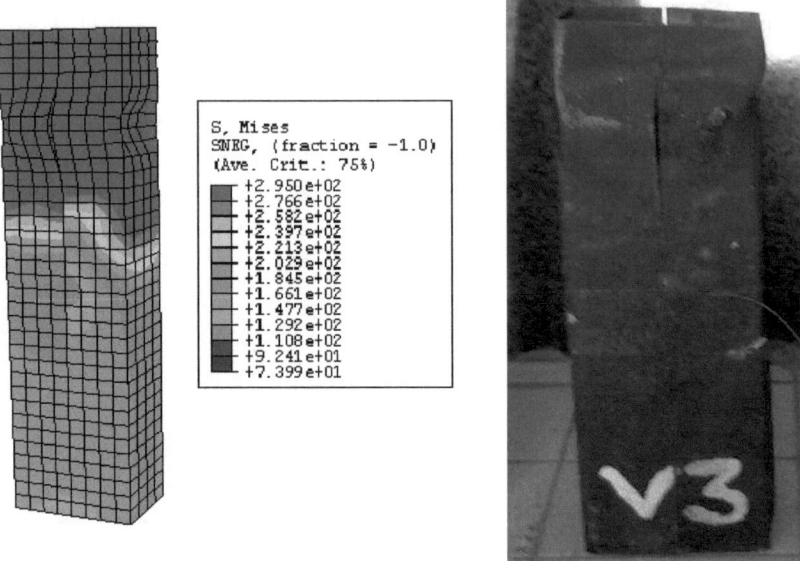

Fig. IV.10 : Mode d'instabilité et répartition des contraintes poteau V3

Le mode d'instabilité remarqué dans ce cas est le flambement local convexe sur le grand coté et concave sur le petit coté avec ouverture de l'acier au niveau de la partie non soudée. Le mode de rupture remarqué est la rupture brutale (non ductile ou fragile). La capacité portante calculée numériquement varie de 119.23KN à 147.57KN, elle augmente avec la diminution de l'élancement. La déformation axiale à l'atteinte de la charge maximale de compression varie de 1112us à 1781us (Fig. IV.11 et Fig. IV.12).

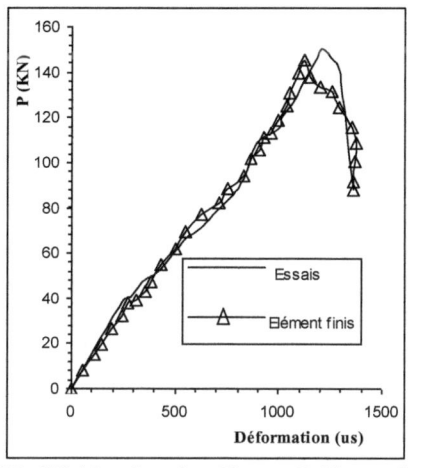
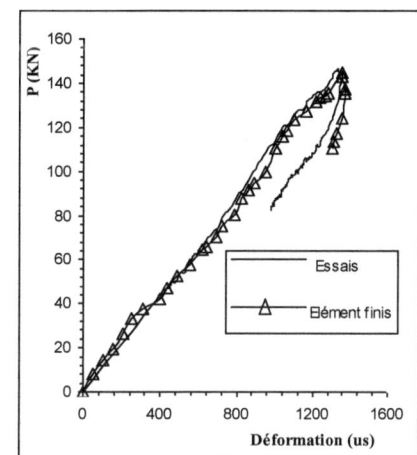

Fig.IV.11 : Courbe Charge-Déformation
Tube V1

Fig.IV.12 : Courbe Charge-Déformation
Tube V2

En faisant une comparaison entre la charge axiale maximale de compression déterminée numériquement des tubes vides en acier avec prise en compte d'effets des contraintes résiduelles et de la soudure partielle et celle des tubes vides en acier à géométrie parfaite, on conclus que ces derniers ont un taux d'augmentation de charge qui varie de 27.83% à 60.26% ce qui implique que les contrainte résiduelles et la soudure partielle ont un rôle important dans la diminution de la capacité portante dans ce type de poteaux (Tab IV.3).

Tableau IV.3 : Capacité portante des tubes vides en acier avec prise en compte de contrainte résiduelle et soudure partielle, et des tubes à géométrie parfaite.

Nom du poteau	Charge axiale Eléments finis (prise en compte de contrainte résiduelle et soudure partielle) P_{EF} (KN)	Charge axiale Eléments finis (géométrie parfaite) P_{PEF} (KN)	Rapport P_{PEF}/P_{EF}
V1	147.57	236.5	1.6
V2	144.70	210.12	1.45
V3	128.9	166.4	1.3
V4	119.23	152.41	1.27

95

Le mode de flambement remarqué pour les tubes en acier vides à géométrie parfaite est le flambement local dont le grand coté subit un flambement convexe contrairement au petit coté qui subit un flambement local concave. La rupture reste brutale ce qui veut dire que le comportement de ces derniers reste fragile (FigIV.13 et FigIV.14).

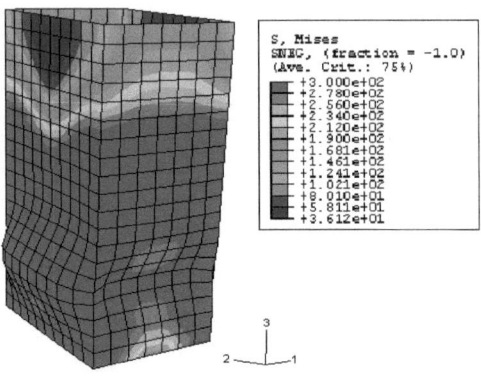

Fig. IV.13 : Mode d'instabilité et répartition des contraintes poteau V1 (géométrie parfaite)

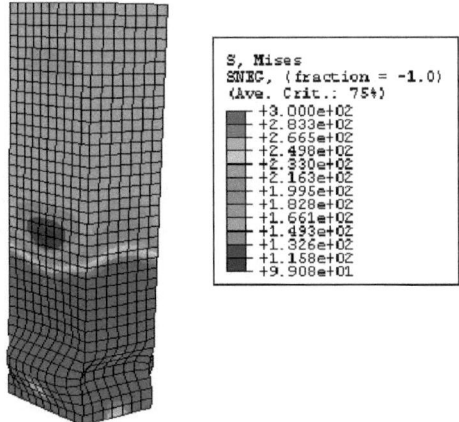

Fig. IV.13 : Mode d'instabilité et répartition des contraintes poteau V3 (géométrie parfaite

La capacité portante déterminée numériquement et celle donnée par le règlement EC4 de la série de poteaux (P1, P2, P3 et P4 avec prise en compte d'effet des contraintes résiduelles et de la soudure partielle) indique une bonne concordance des résultats on les comparants avec les charges axiales trouvés expérimentalement, l'erreur de sous estimation de la charge axiale numérique varie de 3.7% à 10.7% et de 3% à 13% pour la charge prédite par le EC4 ce qui nous donne une marche sécuritaire de la capacité portante prédite soit numériquement ou par le EC4. La déformation à l'atteinte de la charge maximale varie de 1134us à 1357us. On remarque bien que le comportement enregistré soit numériquement ou expérimentalement de ces poteaux est fragile à cause de la rupture brutale, cela est due aux contraintes résiduelles importantes qui le comporte l'acier laminé à froid est soudé ce qui diminue considérablement la rigidité de celui-ci et influe directement sur le comportement (Fig IV.14, Fig IV.15, Fig IV.16 et Fig IV.17).

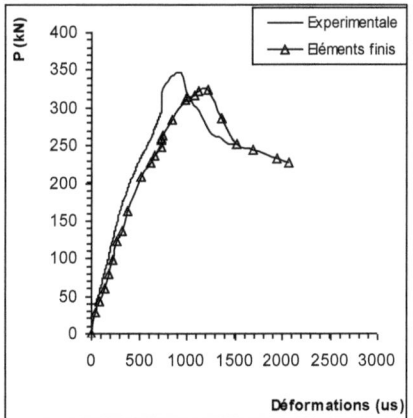 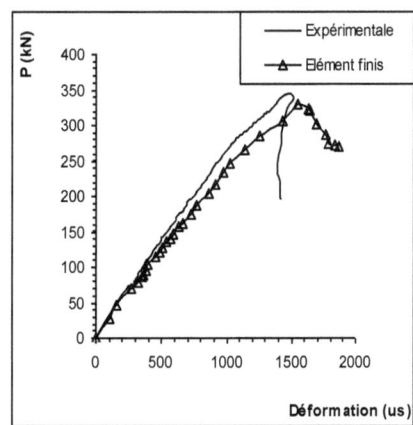

Fig. IV.14 : Courbe Charge-Déformation Poteau P1   Fig. IV.15 : Courbe Charge-Déformation Poteau P2

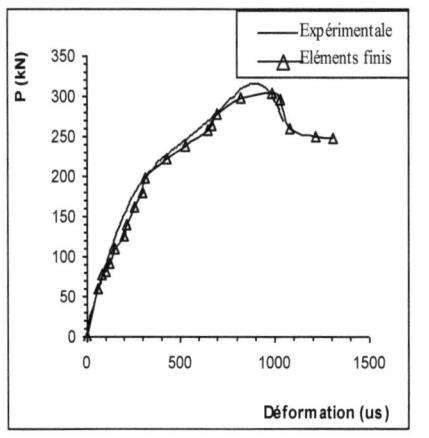

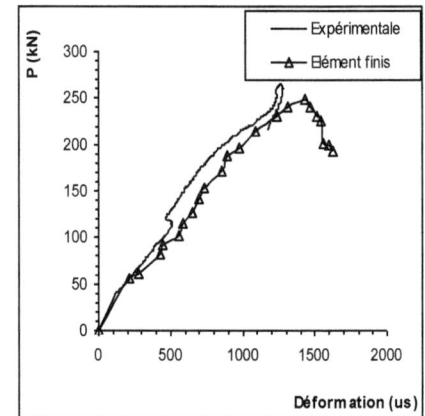

Fig. IV.16: Courbe Charge - Déformation Poteau P3

Fig. IV.17 : Courbe Charge -Déformation Poteau P4

Le mode d'instabilité remarqué dans ce cas est l'instabilité locale dont nous avons une formation de flambement local convexe au niveau de la zone non soudée de l'acier avec ouverture de l'acier au niveau du grand coté. L'accentuation de flambement sur le grand coté et supérieure à celle trouvé sur le petit coté comme il est indiqué sur les figures (FigIV.18, FigIV.19, FigIV.20 et FigIV.21).

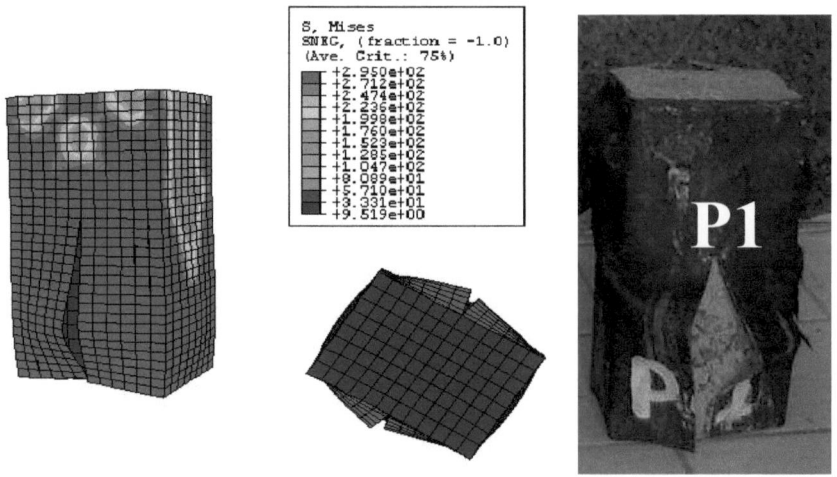

Fig. IV.18 : Mode d'instabilité et répartition des contraintes poteau P1

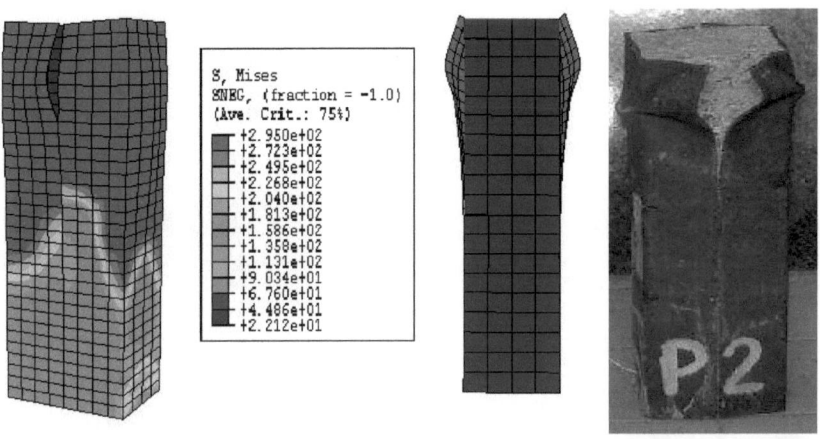

Fig. IV.19 : Mode d'instabilité et répartition des contraintes poteau P2

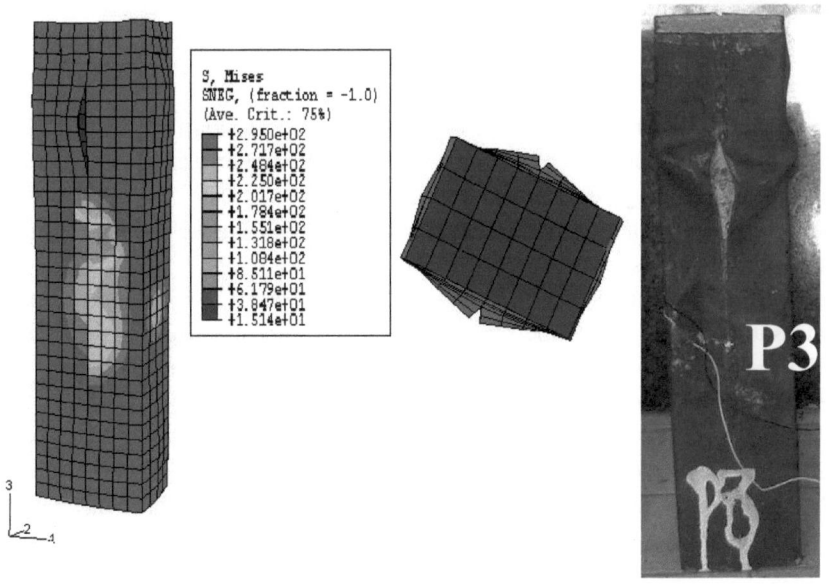

Fig. IV.20 : Mode d'instabilité et répartition des contraintes poteau P3

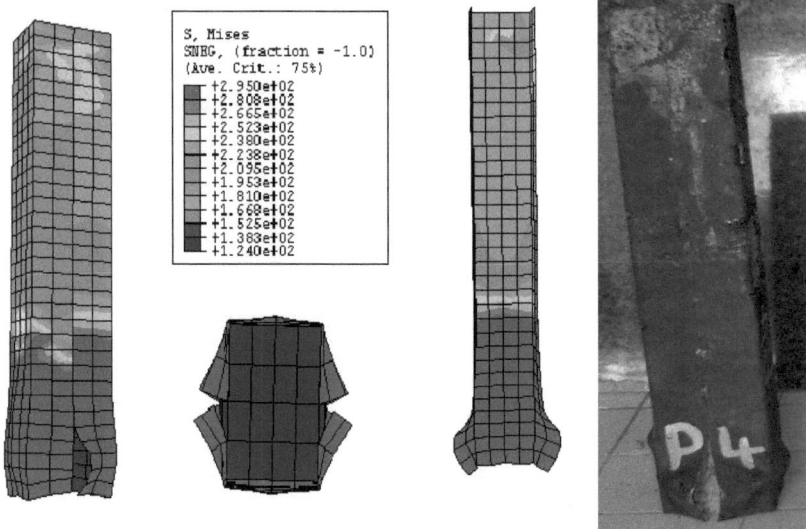

Fig. IV.21 : Mode d'instabilité et répartition des contraintes poteau P4

A partir des résultats de la charge axiale maximale de compression ainsi que l'allure de comportement des déférents poteaux déterminés expérimentalement ou calculés numériquement de la série précédente, on conclus que la méthode des éléments finis donne une bonne concordance des résultats au point du vue capacité portante et mode de flambement.

Si en prend les mêmes poteaux précédents (P1, P2, P3 et P4) mais cette fois dans notre modélisation on suppose que ces derniers sont composé d'acier à géométrie parfaite. La capacité portante calculée par la méthode des éléments finis sera augmentée par rapport à celles des poteaux en acier remplis du béton avec prise en compte d'effet de contrainte résiduelle. Le taux d'augmentation de la charge axiale de compression varie de 9.7% à 13%. La capacité portante enregistrée varie de 365.94KN à 278.33KN, et elle diminue avec l'augmentation de l'élancement (Tab IV.4).

Tableau IV.4 : Capacité portante des tubes pleins avec prise en compte de contrainte résiduelle et soudure partielle, et des tubes à géométrie parfaite.

Nom du poteau	Charge axiale Eléments finis (prise en compte de contrainte résiduelle et soudure partielle) P_{EF} (KN)	Charge axiale Eléments finis (géométrie parfaite) P_{PEF} (KN)	Rapport P_{PEF} / P_{EF}
P1	323.8	365.94	13%
P2	329.9	362.02	9.71%
P3	303.7	343.79	13.2%
P4	249.4	278.33	11.2%

Le mode d'instabilité dans ce cas reste le flambement local convexe sur les deux cotés (grand et petit coté). La répartition de contrainte et le mode de flambement sont présentés sur les figures (FigIV.22 et FigIV.23).

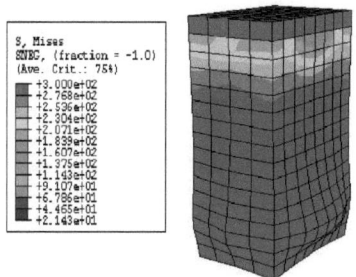

Fig. IV.22 : Mode d'instabilité et répartition des contraintes poteau P1 (géométrie parfaite)

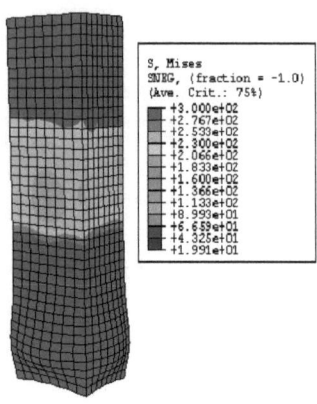

Fig. IV.23 : Mode d'instabilité et répartition des contraintes poteau P3 (géométrie parfaite)

Pour la deuxième série qui concerne les travaux de *J.Zeghiche* et **D. Beggas** dont les poteaux sont formés d'acier en double U soudé totalement vide, et remplis de béton à base de laitier cristallisé, la capacité portante calculée numériquement des tubes vides varie de 142.1KN à 195.8KN et elle diminue avec l'augmentation de l'élancement. Le mode de d'instabilité dans ce cas est le flambement local (flambement local convexe sur le grand coté et concave sur le petit coté). Figure (IV.24 et IV.25)

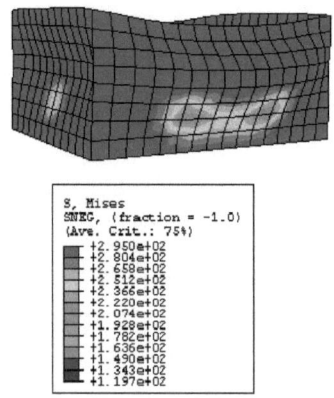

Fig. IV.24 : Mode d'instabilité et répartition des contraintes tube EWL 50

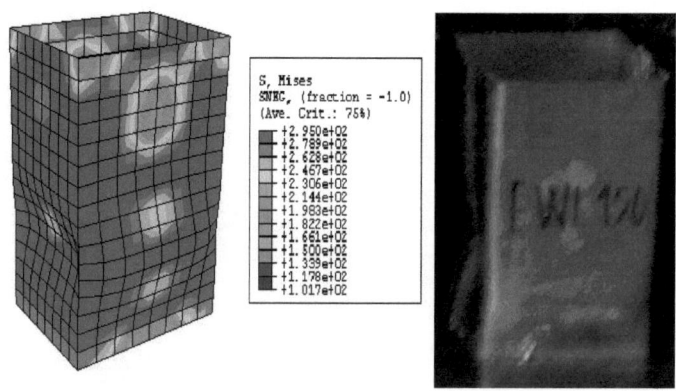

Fig. IV.25 : Mode d'instabilité et répartition des contraintes tube EWL 150

En faisant une comparaison entre la capacité portante prédite par le règlement EC3 et celle donnée expérimentalement on peut dire qu'il y a une bonne concordance des résultats pour les deux premiers tubes (EWL50 et EWL100). On remarque aussi que plus l'élancement augmente on aura une divergence entre les deux résultats.

Une amélioration considérable de la capacité portante des poteaux remplis du béton à base de laitier cristallisé est remarquée par rapport aux tubes vides. Dans cette série de poteau, la charge axiale maximale de compression déterminée par la méthode d'éléments finis des poteaux mixtes varie de 257.6KN à 493.2KN, cette charge diminue avec l'augmentation de l'élancement. Le mode de flambement remarqué dans ce cas est le flambement local convexe sur les deux cotés (grand et petit). Figure (IV.26 et IV.27)

La comparaison entre la charge maximale donnée expérimentalement et celle prédite par le règlement EC4 des poteaux mixtes montre que ce dernier sous estime la capacité portante pour le cas des poteaux d'élancement 50mm, 100mm, 150mm, 200mm et la surestime pour le cas des poteaux d'élancement 400mm et 500mm, seul dans le cas de poteau d'élancement 300mm nous avons une bonne approche entre les deux résultats.

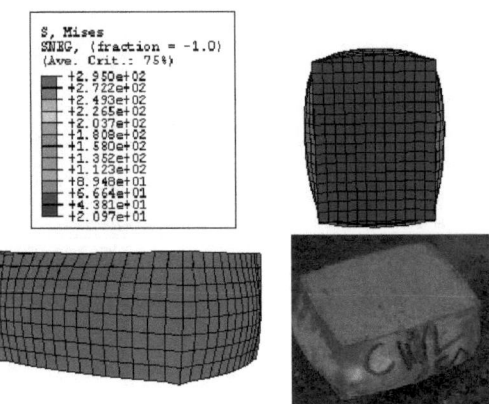

Fig. IV.26 : Mode d'instabilité et répartition des contraintes (poteau CWL 50)

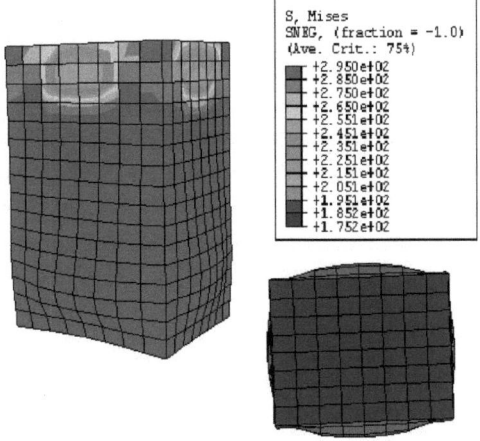

Fig. IV.27 : Mode d'instabilité et répartition des contraintes (poteau CWL 150)

Concernant la série des poteaux mixte (6S1nc jusqu'au 24S1nc) les résultats de la charge axiale maximale calculés numériquement indiquent aussi une bonne concordance des résultats on les comparant avec ceux déterminés expérimentalement sauf pour le cas des deux poteaux 6S1nc et 9S1nc dont nous avons une surestimation de la capacité portante de 0.3% et 0.7% respectivement. La déformation à l'atteinte de la charge maximale varie de 1366us au 3272us (Fig. IV.28, Fig. IV.29 et Fig. IV.30).

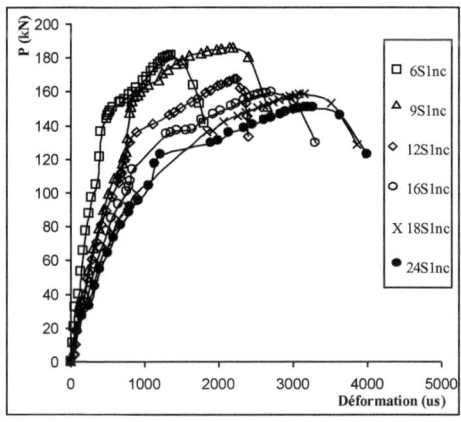

Fig. IV.28: Courbe Charge – Déformation de la série SNC (Eléments finis)

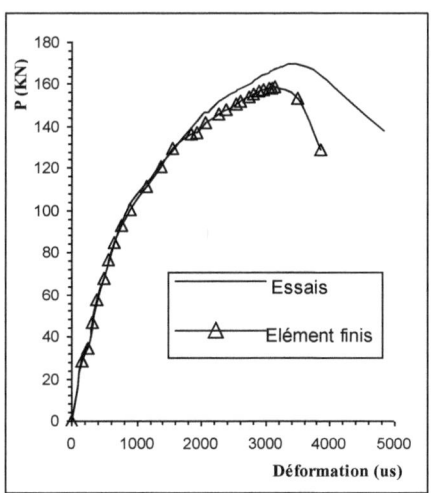

Fig. IV.29 : Courbe Charge-Déformation
Poteaux 16S1nc

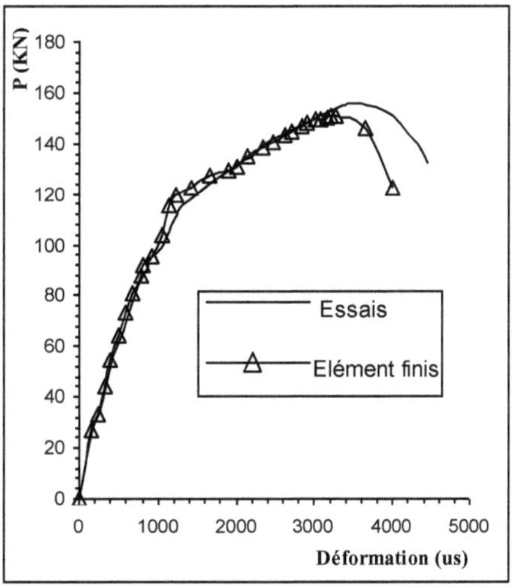

Fig. IV.30 : Courbe Charge-Déformation
Poteaux 24S1nc

Le mode d'instabilité remarqué dans cette série est le flambement local (flambement local au niveau de bout inférieur) pour les poteaux 6S1NC, 9S1nc et 12S1nc figure (IV.31, IV.32).

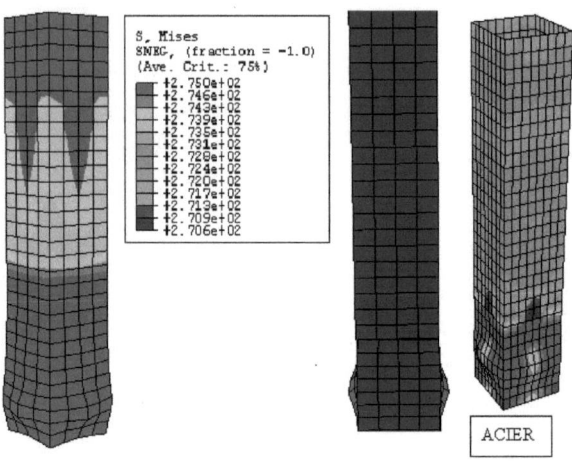

Fig. IV.31 : Mode d'instabilité et répartition des contraintes poteau 6S1nc

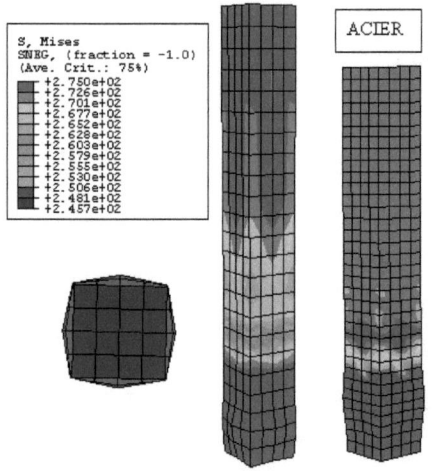

Fig. IV.32 : Mode d'instabilité et répartition
des contraintes poteau 9S1nc

Pour le reste des poteaux de la série (16S1nc, 18S1nc et 24S1nc) le mode d'instabilité est le flambement général. La répartition de contrainte ainsi que le mode de flambement sont représentés sur les figures ci-dessous :

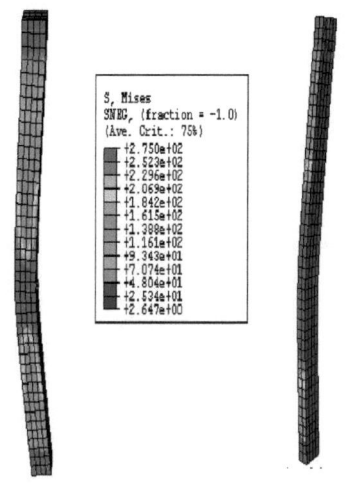 

Fig. IV.33 : Mode d'instabilité et répartition des contraintes poteau 18S1nc

Fig. IV.34 : Mode de flambement expérimental (photo prise de l'article de Khandaker M. et Anwar Hossain)

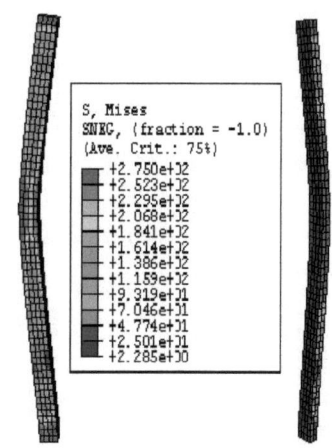

Fig. IV.35 : Mode d'instabilité et répartition des contraintes poteau 24S1nc

Le comportement remarqué de cette série des poteaux est ductile. Le déplacement maximal enregistré numériquement varie de 7mm à 12mm ainsi que le déplacement à l'atteinte de la charge maximale varie de 2.57mm à 5.41mm selon l'élancement des poteaux et le mode de flambement comme l'indique la Figure (IV.36).

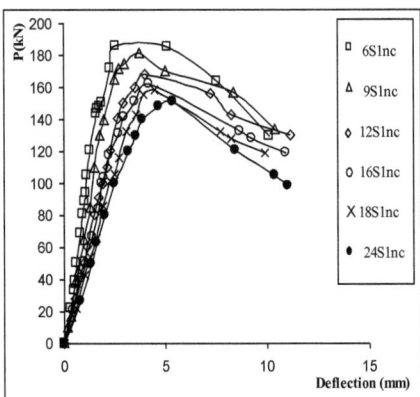

Fig. IV.36 : Courbe Charge – Déplacement de la série SNC (Eléments finis)

La quatrième série des poteaux modélisés concerne les poteaux rectangulaires en acier remplis du béton à déférentes résistances (série RHS), le mode de flambement observé dans cette série est le flambement local convexe au niveau du bout inférieur dont l'accentuation de celui-ci est forte selon le grand coté par rapport au petit coté (Fig. IV.37 et Fig. IV.38). Le mode de rupture remarqué dans ce cas n'est pas fragile c'est à dire que le comportement est ductile. Cette ductilité de comportement est due à l'augmentation de l'épaisseur de la section d'acier qui constitue ces poteaux, ainsi que la résistance du béton logé ce qui a augmenté la rigidité et par conséquence amélioré le comportement de ces derniers.

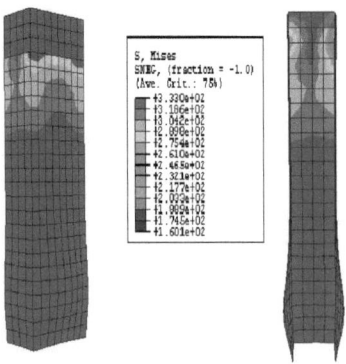

Fig. IV.37: Mode d'instabilité et répartition des contraintes poteau RHS1C50

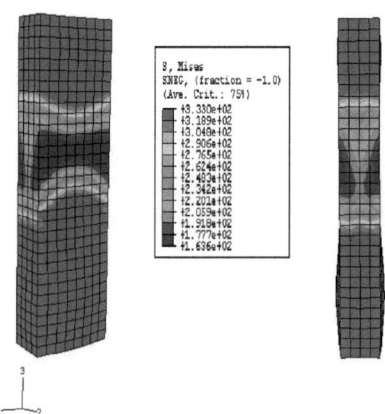

Fig. IV.38 : Mode d'instabilité et répartition des contraintes poteau RHS2C30

La capacité portante calculée numériquement dans l'ensemble est acceptable par rapport à celle donnée expérimentalement. La surestimation de la charge axiale maximale déterminée numériquement varie de 0.07% à 0.8% qui sont des valeurs négligeables (Fig. IV.39, Fig. IV.40 et Fig. IV.41).

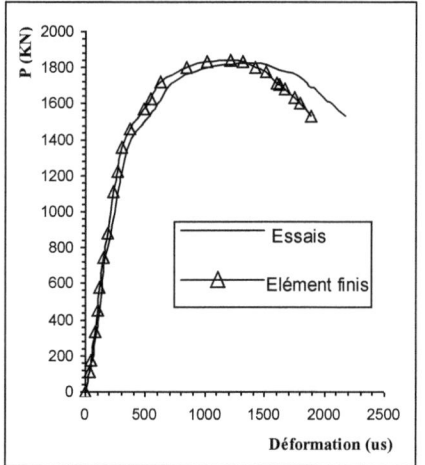

Fig. IV.39 : Courbe Charge-Déformation Poteaux RHS1C90

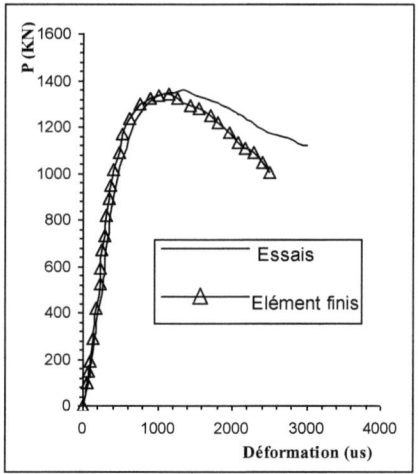

Fig. IV.40 : Courbe Charge-Déformation Poteaux RHS2C50

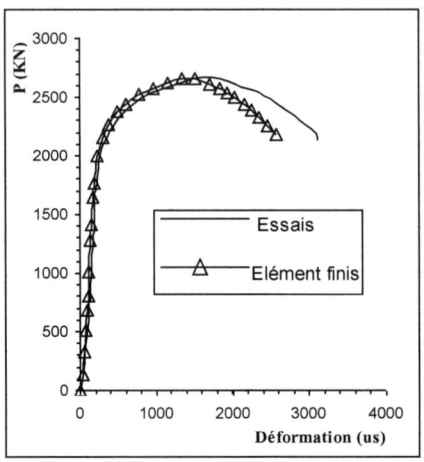

Fig. IV.41 : Courbe Charge – Déformation
Poteaux RHS3C30

Les déférentes courbes charge – déformation enregistrées par éléments finis sont représentées sur les figures : Fig. (IV.42), Fig. (IV.43) et Fig. (IV.44).

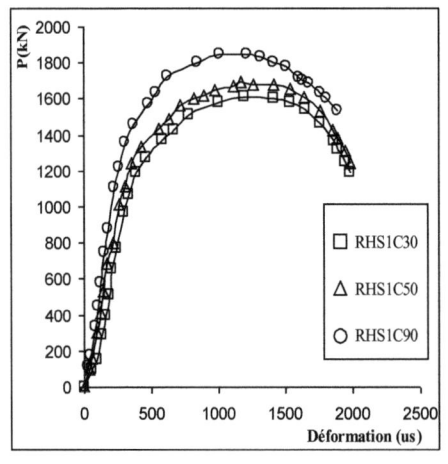

Fig. IV.42 : Courbe Charge-Déformation
de la série RHS1(Eléments finis)

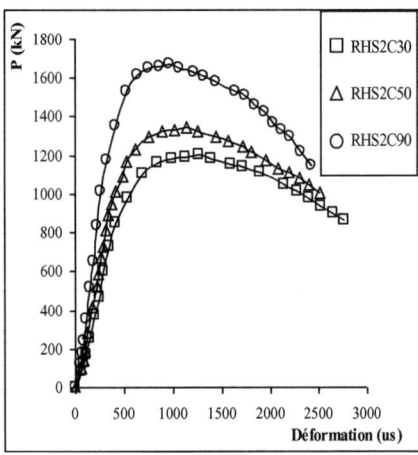

Fig. IV.43 : Courbe Charge-Déformation
de la série RHS2 (Eléments finis)

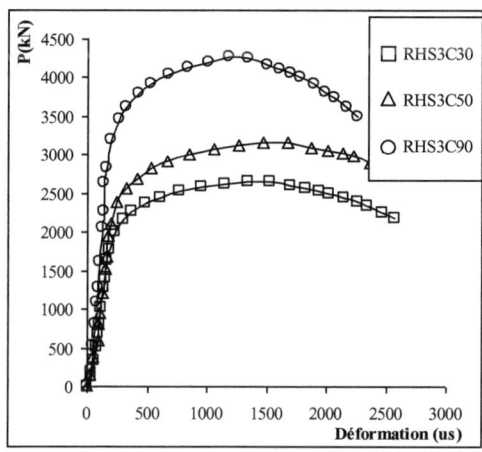

Fig. IV.44 : Courbe Charge – Déformation
de la série RHS3 (Eléments finis)

Le déplacement maximal enregistré pour cette série de poteaux varie de 11.8mm à 7.88mm, et la déflection calculée à l'atteinte de la charge axiale maximale varie de 2.52mm à 5.24mm selon les caractéristiques des déférents poteaux de la série ainsi que la résistance du béton logé. Les déférentes courbes de charge-déplacement enregistrées sont représentées ci-dessous :

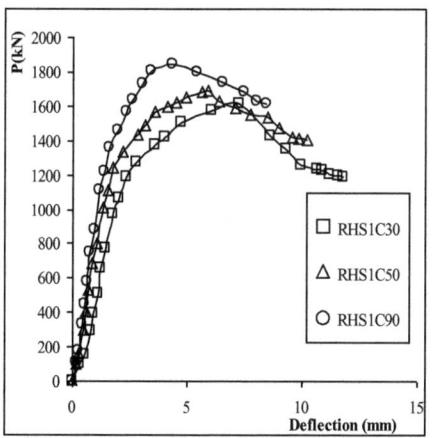

Fig. IV.45 : Courbe Charge-Déplacement
de la série RHS1(Eléments finis)

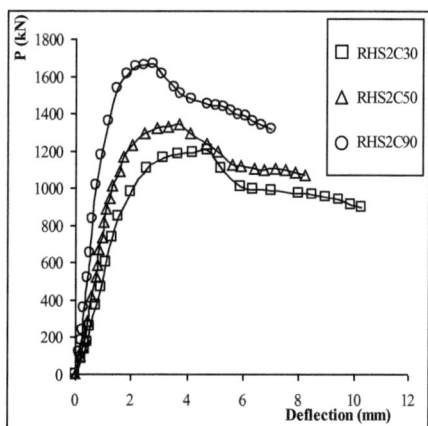

Fig. IV.46 : Courbe Charge-Déplacement
de la série RHS2 (Eléments finis)

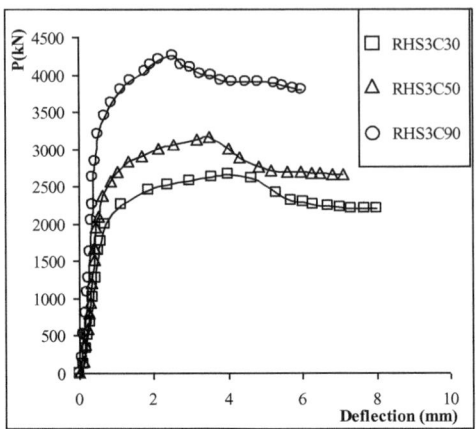

Fig. IV.47: Courbe Charge – Déplacement
de la série RHS3 (Eléments finis)

La cinquième série des poteaux réalisés par **Shakhir Khalil** et **J.Zeghiche** concerne les poteaux d'élancement 3m et de section 120x80x5mm, dont un poteau est testé sous chargement axial, deux testés sous chargement excentrique selon le grand coté (xx) (excentrement de 20% et 50% de H), et deux autre testés sous chargement excentrique selon le petit coté (yy) (excentrement de 20% et 50% de B), et les deux derniers sont testés sous chargement excentrique selon les deux axes (excentrement 20% de H et B, 50% de H et B).

La charge maximale axiale enregistrée pour le premier tube vide est égale à 263KN, le mode d'instabilité remarqué est le flambement local convexe sur le grand coté et concave sur le petit coté (flambement situé à 16% de la hauteur du poteau) (FigIV.48).

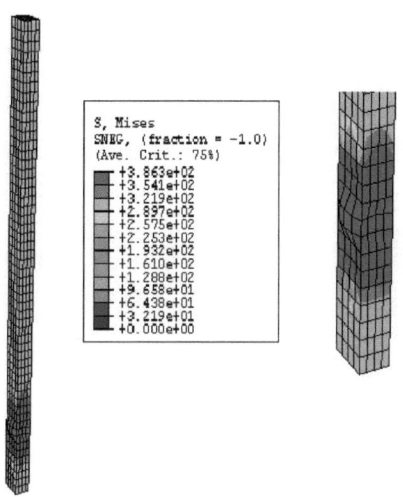

Fig. IV.48 : Mode d'instabilité et répartition des contraintes poteau vide sous
chargement axial

Pour les quatre poteaux vide sous chargement excentrique selon le grand et le petit
coté le mode de flambement observé est le flambement général avec un déplacement
maximal situé à mi hauteur (déplacement selon le petit coté pour la charge excentrée
selon l'axe « yy » et selon le grand coté pour la charge excentrée selon l'axe « xx »),
et un flambement local à mi hauteur (convexe sur le grand coté et concave sur le petit
coté pour les charges excentrées selon l'axe fort « yy », et inversement pour le cas
des charges excentrées selon l'axe faible « xx ») (FigIV.51 et FigIV.49).

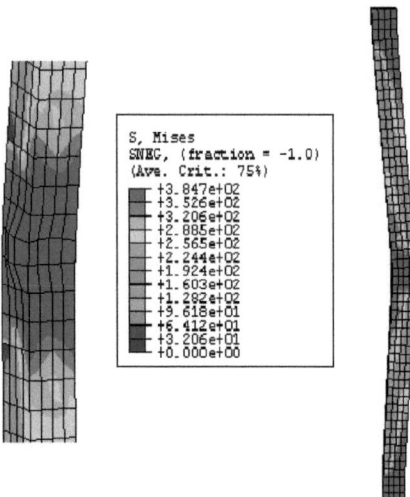

Fig. IV.49 : Mode d'instabilité et répartition des contraintes poteau vide sous chargement excentré selon le grand coté (ex = 60mm)

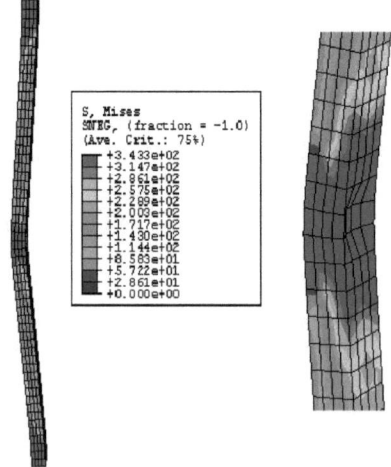

Fig. IV.50 : Mode d'instabilité et répartition des contraintes poteau vide sous chargement excentré selon le petit coté (ey = 40mm)

A propos des deux derniers poteaux vides sous chargement excentrique selon les deux axes, le mode de flambement remarqué est le flambement général selon les deux axes plus un flambement local à mi hauteur (concave selon le grand coté et convexe selon le petit coté), le déplacement maximal se situe à mi hauteur avec un

114

déplacement selon l'axe fort (xx) plus élevé que celui selon l'axe faible (yy) (FigIV.51).

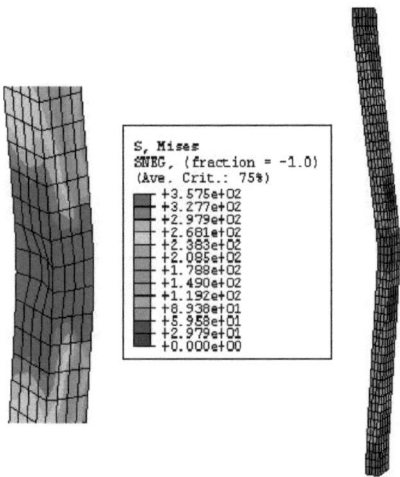

Fig. IV.51 : Mode d'instabilité et répartition des contraintes poteau vide sous chargement excentré selon les deux axe (ex = 60mm, ey = 24mm)

La charge enregistrée numériquement des poteaux vides sous chargement excentrique varie de 179.6KN à 65.4KN, elle diminue avec l'augmentation de l'excentrement de la charge (les charges enregistrées des déférents poteaux vides sont présentées sur le tableau IV.5).

Concernant les poteaux rectangulaires en acier remplis du béton, la charge enregistrée numériquement pour le premier poteau PR1 sous chargement axial est égale à 618KN, le mode d'instabilité dans ce cas est le flambement général selon le grand coté avec un déplacement maximal à mi hauteur égal à 6.62mm (FigIV.52).

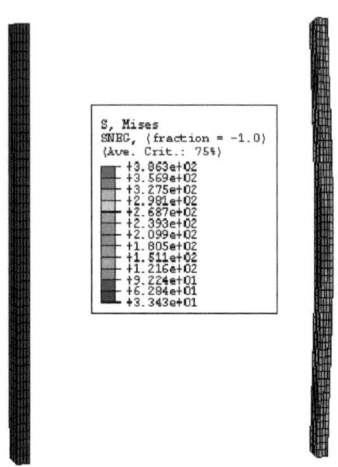

Fig. IV.52 : Mode d'instabilité et répartition des contraintes poteau PR1

La capacité portante enregistrée par la méthode des éléments finis des deux poteaux mixtes (PR2 et PR3) sous chargement excentrique selon le grand coté (20%H et 50%H) elle est de 403.1KN pour le cas de la charge excentrée de 20%H et 233.4KN dans le cas où la charge est excentré de 50%H, le mode d'instabilité dans ce cas est le flambement général selon le petit coté avec un déplacement maximal de 22.5mm dans le cas où la charge est excentrée de 20%H, et de 33.3mm dans le cas où la charge est excentrée de 50%H (FigIV.53).

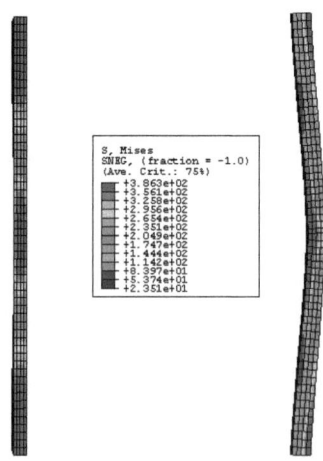

Fig. IV.53 : Mode d'instabilité et répartition des contraintes poteau PR2

En ce qui concerne la capacité portante calculée par la méthode des éléments finis des deux poteaux (PR4 et PR5), elle est de 258.85KN dans le cas où la charge est excentrée selon le petit coté de 20%B, et de 213.1 dans le cas où elle est excentrée de 50%B. le mode d'instabilité visualisé dans ce cas est le flambement général selon l'axe faible (xx) avec un déplacement maximal enregistré égal à 24.8mm dans le cas où la charge est excentrée selon le petit coté de 20%B, et 38.2mm dans le cas où elle est excentrée de 50%B. (FigIV.54)

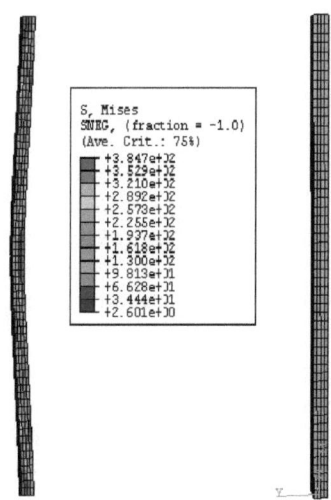

Fig. IV.54 : Mode d'instabilité et répartition des contraintes poteau PR4

La capacité portante enregistrée des deux derniers poteaux soumis à une charge excentrée selon les deux axes (20%H et 20%B pour le poteau PR6, 50%H et 50%B pour le poteau PR7) est égale à 265.3KN pour PR6, et 156.8KN pour le poteau PR7. Le mode d'instabilité remarqué est le flambement général selon les deux axes, avec une accentuation forte selon l'axe (xx) par rapport à l'axe (yy). Le déplacement maximal calculé numériquement dans le cas où la charge est appliquée à 20%H et 20%B est égale à 12.16mm selon l'axe (xx), et 26.2mm selon l'axe (yy), et celle du deuxième cas de charge (charge excentrée de 50%H et 50%B) est égale à 22.2mm selon l'axe (xx), et 37.3mm selon l'axe (yy) (Fig. IV.55).

117

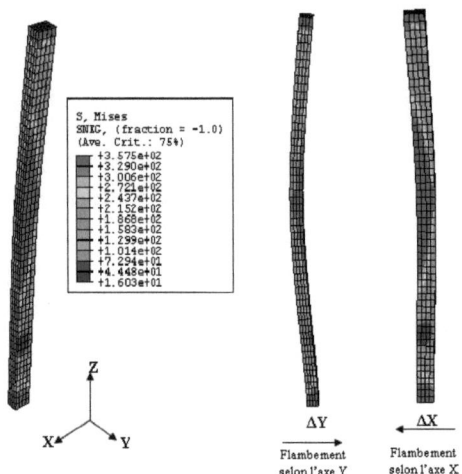

Fig. IV.55 : Mode d'instabilité et répartition des contraintes poteau PR7

La contribution d'acier et du béton dans la résistance des poteaux mixtes à la charge axiale de compression varie de 65.16KN à 2811.27KN pour le béton et de 84.96KN à 1579.46KN pour l'acier. Cette participation de la résistance des deux matériaux constituants les poteaux mixtes est fortement influencée par les caractéristiques géométriques et matérielles de l'acier et du béton. Le tableau ci-dessous représente les déférentes valeurs de contribution de l'acier et du béton dans la résistance des poteaux :

Tableau IV.5 : Contribution de l'acier et du béton dans la capacité portante des poteaux en acier remplis du béton

Nom du poteau	Contrainte dans l'acier en (MPa) σ_{SEF}	Contrainte dans le béton en (MPa) σ_{BEF}	Charge supportée par l'acier (KN) PS_{EF}	Charge supportée par le béton (KN) PB_{EF}
P1	184,98	29,74	147,57	188.23
P2	174,34	29,54	144,7	185.2
P3	180,9	29,3	128,9	174.8
P4	166,61	21,3	119,23	130.17
CWL 50	295	46.5	195.8	297.4
CWL100	272	22	178.4	137.1

CWL150	260.2	19.8	173.8	128.3
CWL200	250	19.4	165	123.7
CWL300	233	18.5	153.7	117.6
CWL400	223.1	18.04	148.14	116.6
CWL500	210.2	17.5	142.1	115.5
6S1nc	274.3	45.67	84.96	100.03
9S1nc	273.2	43.88	85.84	96.12
12S1nc	271.1	37.51	85.84	82.16
16S1nc	268.5	34.77	85.84	76.16
18S1nc	263.3	33.31	85.84	72.96
24S1nc	261.5	29.75	85.84	65.16
RHS1C30	313.7	38.01	1325.07	204.61
RHS1C50	301.5	76.6	1273.54	411.88
RHS1C90	283.2	118.5	1196.23	637.56
RHS2C30	285.6	37.6	830.57	372.22
RHS2C50	276.8	54.5	804.97	538.72
RHS2C90	269.4	89.6	783.45	884.84
RHS3C30	255,5	36.4	1475.51	1186.58
RHS3C50	248,2	53.2	1433.35	1735.34

RHS3C90	242,4	87.7	1399.86	2863.24
PR1	139.7	46.1	263	355
PR2	95.4	29.1	179.6	223.5
PR3	58.2	16.2	108.8	124.6
PR4	65.3	17.8	122.1	136.75
PR5	54	14.6	100.9	112.2
PR6	59.2	20	110.7	154.6
PR7	35.3	11.9	65.4	91.4

On calculant le coefficient de corrélation entre la charge axial de compression donner expérimentalement et calculé par éléments finis, essais – Euro code4 et Euro code4 – Eléments finis on trouvera les résultats suivant :

Cœfficient de corrélation (Essais – Eléments finis)

X (Essais)	347	344	339	264	185	180	175	170	165	156	1600	1675	1820
Y (EF)	323.8	329.9	303.7	249.4	185.6	181.3	168	162	158.8	151	1611.4	1685.4	1833.8

X (Essais)	1200	1360	1678	2670	3200	4260	600
Y (EF)	1202.8	1343.7	1669.3	2662.1	3168.7	4263.1	618

Calcule de la moyenne marginale : $\overline{X}_{Essais} = \dfrac{1}{n} \sum_{i=1}^{P} X_i$ avec **n** est le nombre d'essais et

p nombre d'effective, en remplaçant on trouve : $\overline{X}_{Essais} = 910.111$

$\overline{Y}_{EF} = \dfrac{1}{n} \sum_{i=1}^{k} Y_i$, en remplaçant on trouve : $\overline{Y}_{EF} = 906.1$

Calcule de la variance marginale : $S^2_{x Essais} = \dfrac{1}{n}\sum_{i=1}^{P}(X_i - \overline{X})^2$ en remplaçant on

trouve : $S_{x Essais} = 1047.3555$

$S^2_{y EF} = \dfrac{1}{n}\sum_{i=1}^{k}(Y_i - \overline{Y})^2$, en remplaçant on trouve : $S_{y EF} = 1047.3855$

Calcul de la covariance : $COV(Essais, EF) = \dfrac{1}{n}\sum_{i=1}^{P}(X_i - \overline{X})(Y_i - \overline{Y})$ en
remplaçant on trouve : $COV(Essais, EF) = 1096908.25$

Calcul de cœfficient de corrélation : $\rho = \dfrac{COV(Essais, EF)}{S_x S_y}$ en remplaçant on

trouve : $\rho = +0.99993005$. Donc le cœfficient de corrélation entre essais – éléments finis tend vers +1 ce qui nous permet de dire que les deux valeurs de capacité portante données expérimentalement et par la méthode des éléments finis ont une dépendance linéaire de la forme Y=a X + b

Cœfficient de corrélation (Essais – Eurocode4)

X (Essais)	347	344	339	264	185	180	175	170	165	156	1600	1675	1820
Y (EC4)	302	309	301	256	167	165.5	163.2	160.3	158.5	156.7	1535.6	1621.6	1794

X (Essais)	1200	1360	1678	2670	3200	4260	600
Y (EC4)	1206	1364	1681	2686.2	3218	4272	588.9

Calcule de la moyenne marginale EC4 : $\overline{Y}_{EC4} = \dfrac{1}{n}\sum_{i=1}^{k} Y_i$ en remplaçant on trouve :

$\overline{Y}_{EC4} = 889.2407$

Calcul de la variance marginale EC4: $S^2_{y EC4} = \dfrac{1}{n}\sum_{i=1}^{k}(Y_i - \overline{Y})^2$ en remplaçant on

trouve : $S_{y EC4} = 1057.2857$

Calcul de la covariance : $COV(Essais, EC4) = \dfrac{1}{n}\sum_{i=1}^{P}(X_i - \overline{X})(Y_i - \overline{Y})$ en
remplaçant on trouve : $COV(Essais, EC4) = 1106420.41$

Calcul de cœfficient de corrélation : $\rho = \dfrac{COV(Essais, EC4)}{S_x S_y}$ en remplaçant on

trouve : $\rho = +0.9991568$. Donc le cœfficient de corrélation entre essais – eurocode4 tend vers +1 c'est à dire que les deux valeurs de capacité portante données expérimentalement et par la prédiction de règlement EC4 ont une dépendance linéaire aussi de la forme Y=a X +b.

Cœfficient de corrélation (Eurocode4 – Eléments finis)

X (EC4)	302	309	301	256	167	165.5	163.2	160.3	158.5	156.7	1535.6	1621.6	1794
Y (EF)	323.8	329.9	303.7	249.4	185.6	181.3	168	162	158.8	151	1611.4	1685.4	1833.8

X (EC4)	1206	1364	1681	2686.2	3218	4272	588.9
Y (EF)	1202.8	1343.7	1669.3	2662.1	3168.7	4263.1	618

Calcul de la covariance : $COV(EC4, EF) = \dfrac{1}{n} \sum_{i=1}^{P} (X_i - \overline{X})(Y_i - \overline{Y})$ en remplaçant

on trouve : $COV(EC4, EF) = 1106276.59$

Calcul de cœfficient de corrélation : $\rho = \dfrac{COV(EC4, EF)}{S_x S_y}$ en remplaçant on

trouve : $\rho = +0.998998$ Donc le cœfficient de corrélation entre EC4 – EF   tend vers +1 donc les deux valeurs de capacité portante calculées par la prédiction de règlement EC4 et par éléments finis ont une dépendance linéaire de la forme

 Y=a X + b.

DISCUSSION

La charge axiale maximale enregistrée par éléments finis dans le cas de la série P varie de 249.4kN à 323.8kN et celle donnée par la prédiction de règlement eurocode4 varie de 256kN à 309kN, cette capacité portante augmente avec la diminution de d'élancement des poteaux comme l'indique la figure (IV.56).

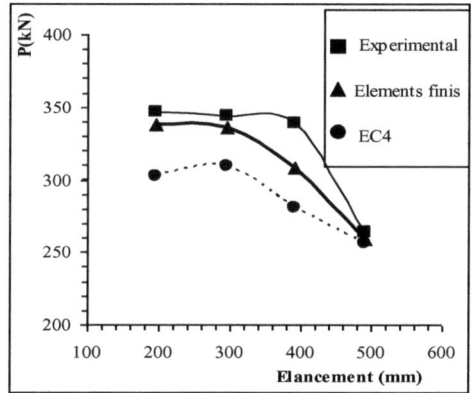

Fig. IV.56 : Courbe Charge – Elancement
de la série P (P1, P2, P3, P4)

La comparaison mené entre la capacité portante expérimentale des poteaux mixtes de la série P (P1, P2, P3 et P4) et celle donnée par éléments finis (calculée par le logiciel Abaqus ver 6.5) et celle déterminé par la prédiction de règlement Euro code 4 montre une bonne concordance des résultats. L'erreur de sous estimation de la charge axiale donnée par éléments finis par rapport varie de 3.7% à 10.7%, par contre celle déterminée par la prédiction de règlement euro code 4 varie de 3% à 13% ce qui implique qu'on a une marche sécuritaire de la capacité portante des poteaux sous chargement axial de compression estimée soit par éléments finis ou par l'EC4 (Fig. IV.56).

Pour la série des poteaux (CWL), on remarque que la charge axiale maximale de compression calculée par éléments finis est presque confondue avec la capacité portante donnée expérimentalement. Elle varie de 275.6KN à 493.3KN et diminue avec l'augmentation de l'élancement (FigIV.57).

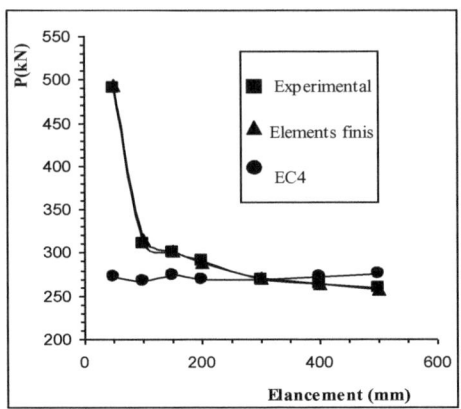

Fig. IV.57 : Courbe Charge – Elancement
de la série (CWL)

Dans cette série, l'eurocode 4 sous estime la capacité portante dans le cas des poteaux d'élancement inférieur a 300mm et la surestime dans le cas des poteaux d'élancement supérieur à 300mm. L'erreur de sous estimation de la charge augmente avec la diminution de l'élancement, elle varie de 6.8% à 44.48%, et celle de la sur estimation de 3.01% à 6.15% (Fig.IV.57).

Pour la deuxième série des poteaux mixtes (6S1nc au 24S1nc) la capacité portante sous chargement axial de compression calculée par le logiciel Abaqus varient de 151kN à 185.6kN, et celle donnée par le règlement EC4 varie de 156.7kN à 167kN. La capacité portante sous chargement axial de l'échantillon 6S1nc d'élancement L=300mm calculée par éléments finis est égale à 185.6kN et celle de 24S1nc d'élancement L=1200mm est égale à 151kN. Par contre celle donnée par la prédiction de EC4 du poteau 6S1nc est égale à 156.7kN et celle du poteau 24S1nc est égale à 167kN ce qui nous implique que La charge axiale maximale déterminée soit par éléments finis ou par la prédiction du règlement euro code 4 diminue avec l'augmentation de l'élancement des poteaux (Fig. IV.58).

L'erreur de sous estimation de la capacité portante donnée par élément finis dans cette série varie de 3.2% à 4.7% sauf pour les poteaux 6S1nc et 9S1nc dont nous avons une surestimation de la capacité portante de 0.3% et 0.7% respectivement.

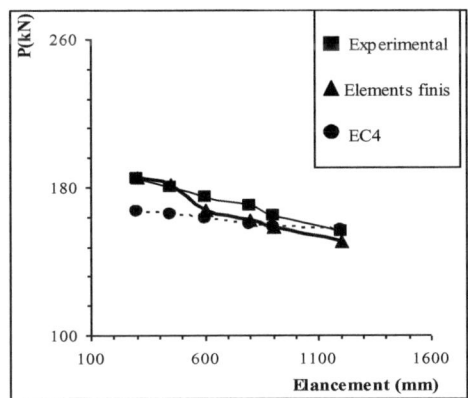

Fig. IV.58 : Courbe Charge – Elancement
de la série S1nc

Cette erreur de surestimation de la charge axiale maximale de compression est tellement petite qu'on peut la négligée. Concernant l'erreur de la sous estimation de la capacité portante sous chargement axial donnée par la prédiction de règlement EC4 varie de 3.9% à 8.1%, sauf pour le poteau 24S1nc dont nous avons une sur estimation de 0.4% de la capacité portante, cette erreur peut être considérée négligeable.

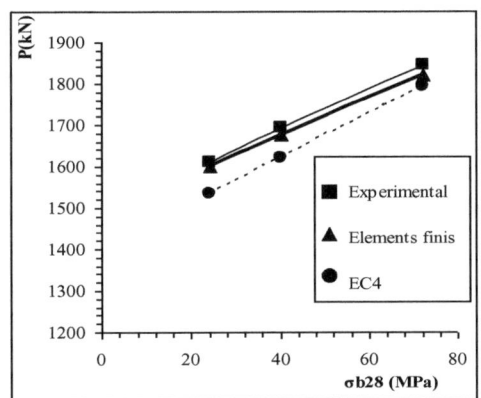

Fig. IV.59 : Courbe Charge–Résistance du béton
de la série (RHS1C30, RHS1C50 et RHS1C90)

Pour la troisième série de poteaux (RHS1, RHS2, RHS3) la charge axiale maximale de compression calculée par éléments finis varie de 1202.8kN à 4263.1kN et celle déterminée par la prédiction de règlement EC4 varie de 1206kN à 4272kN, elle dépend de la géométrie de la section ainsi que de la résistance du béton logé. La capacité portante calculée par éléments finis des poteaux RHS1C30, RHS1C50, RHS1C90 varie de 1611.2kN au 1833.8kN par contre ceux déterminés par la prédiction de EC4 varie de 1535.6kN à 1794kN. La charge axiale de compression augmente linéairement avec l'augmentation de la résistance du béton logé comme l'indique la figure (IV.59).

L'erreur de la surestimation de la capacité portante donnée par éléments finis dans le cas de ces poteaux varie de 0.6% à 0.7% qui sont des valeurs négligeables. Par contre celle donnée par le règlement EC4 est une erreur de sous estimation qui varie de 1.4% à 4.1% ce qui nous donne une marche sécuritaire de la capacité portante par rapport à la charge expérimentale.

Les charges axiales maximales de compression enregistrées par éléments finis des poteaux RHS2C30, RHS2C50 et RHS2C50 varient de 1202.8kN à 1669.3kN, et celles déterminées par la prédiction d'EC4 varient 1206kN à 1681kN selon la résistance du béton logé. Les erreurs de la sous estimation de la capacité portante en compression axiale données par éléments finis pour l'échantillon RHS2C50 et RHS2C90 sont respectivement 1.2% et 0.5% par contre pour le spécimen RHS2C30 nous avons une sur estimation de 0.2% qui est une valeur négligeable.

L'erreur de la sur estimation donnée par la prédiction de règlement EC4 sont des valeurs très petites qui varient de 0.1% à 0.5% ce qui nous indique que la charge axiale maximale de compression donnée par éléments finis est presque confondues avec celle donnée par le règlement EC4 comme l'indique la figure (IV.60).

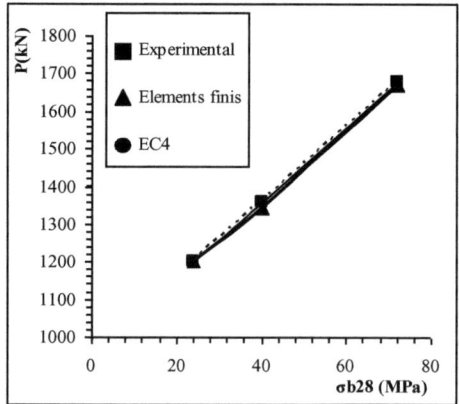

Fig. IV.60 : Courbe Charge – Résistance du béton de la série
(RHS2C30, RHS2C50 et RHS2C90)

La capacité portante calculée par éléments finis des poteaux RHS3C30, RHS3C50 et RHS3C90 varie de 2262.1kN à 4263.1kN par contre celle donnée par la prédiction de règlement eurocode 4 varie de 2686.2kN à 4272kN selon la résistance du béton logé.

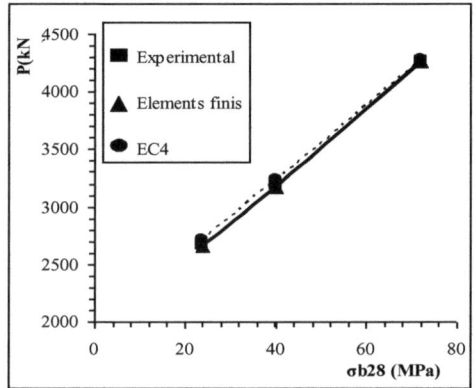

Fig. IV.61 : Courbe Charge – Résistance du béton
de la série (RHS3C30, RHS3C50 et RHS3C90)

L'erreur de la sous estimation ou sur estimation de la capacité portante donnée soit par éléments finis ou par la prédiction de EC4 est négligeable, elle varie de 1% à 0.07% dans le cas de la charge calculée par la méthode d'élément finis et de 0.3 à 0.5% dans le cas de la charge prédite par EC4 ce qui nous indique que les charges axiales de compression calculée par ces deux dernier méthode sont presque confondues à celles déterminées expérimentalement (Fig. IV.61).

La résistance du béton logé ainsi que la rigidité de la section d'acier jouent un rôle important dans la capacité portante des poteaux mixtes, la Figure (IV.62) nous montre l'effet bénéfique d'augmentation de la résistance du béton logé ainsi que la rigidité de la section d'acier sur la charge axiale maximale de compression. Le taux d'augmentation de capacité portante donné par éléments finis en fonction de la résistance du béton logé varie de 1.65 à 1.88 pour la série RHS1 (résistance du béton logé égale à 24 MPa) et RHS3 (résistance du béton logé égale à 72 MPa).

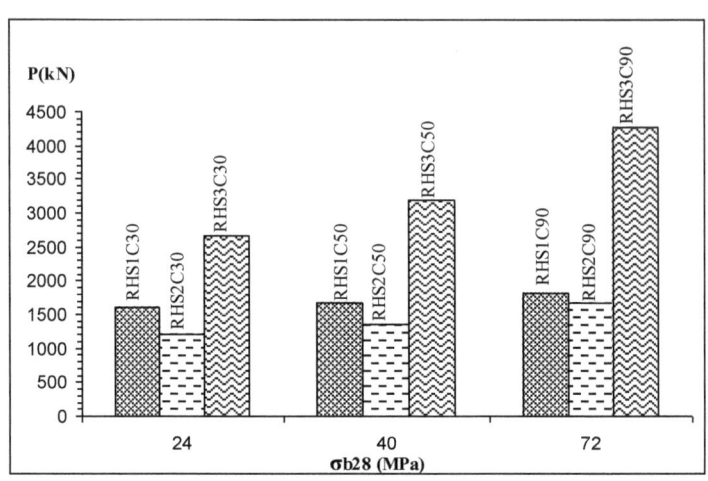

<u>Fig. IV62:Charge axiale maximale de compression donnée par EF – Résistance du béton logé</u>

Les deux figures suivantes (IV.63) et (IV.64) montrent l'effet de l'excentrement de la charge sur la capacité portante des poteaux mixtes. L'examen de ces deux figures nous permis de conclure que la capacité portante des poteaux mixtes diminue avec l'augmentation de l'excentrement de la charge, elle dépend aussi de la direction de l'excentrement de la charge.

La capacité portante calculée par la méthode des éléments finis donne une bonne concordance des résultats par rapport à celle donnée expérimentalement, l'erreur d'estimation varie de 0.44% à 3%. La charge prédite par le règlement EC4 pour le cas de ces poteaux varie de 588.6KN à 140.9KN, l'erreur de sous estimation de cette capacité portante déterminée par l'EC4 varie de 1.85% à 11.6% ce qui implique qu'on est largement en sécurité dans ce cas.

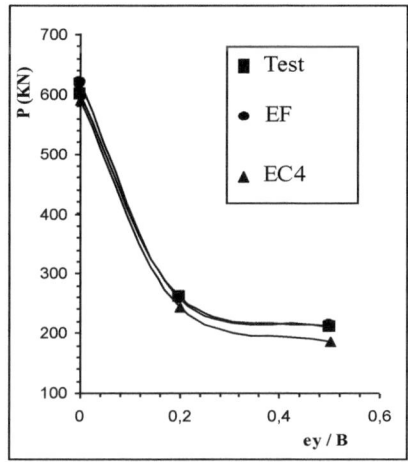

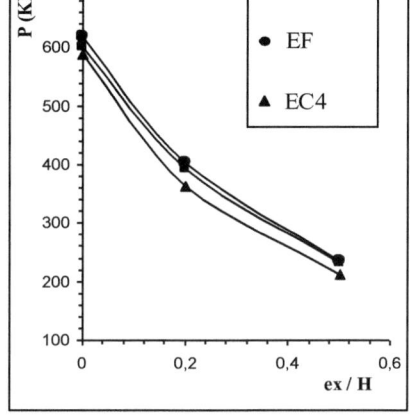

Fig. IV.63 : Courbe charge - rapport
excentricité (selon l'axe yy)

Fig. IV.64 : Courbe charge - rapport
excentricité (selon l'axe xx)

D'après les deux figures (FigIV.65 et FigIV.66) qui représentent l'erreur de la capacité portante calculée par éléments finis et celle déterminée par la prédiction de règlement euro code 4 des déférentes séries des poteaux en fonction de l'élancement, on peut dire que dans l'ensemble la charge axiale maximale de compression calculée par la méthode des éléments finis donne une bonne concordance avec celle donnée expérimentalement. Par contre le règlement EC4, en générale, sous estime la capacité portante ce qui nous donne une sécurité de plus mais il n'assure pas l'économie.

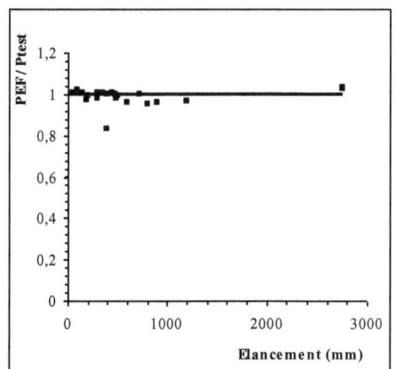

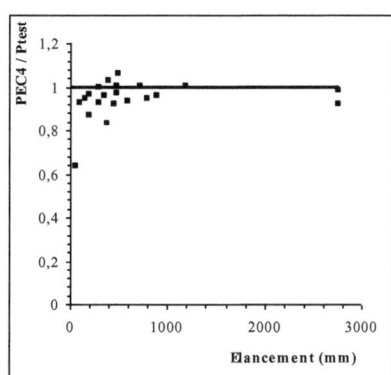

Fig. IV.65: Erreur Eléments Finis
en fonction de l'élancement

Fig. IV.66 : Erreur EC4 en fonction
de l'élancement

La différence entre l'expérimentale (cas réel) et le règlement européen des constructions mixtes EC4 dans l'estimation de la capacité portante se présente dans les simplifications utilisées dans les calcules par ce dernier. Comme l'indique son nom la *Méthode simplifiée* qui est basé sur l'utilisation des courbes de flambement européennes des poteaux en acier tenant compte implicitement des imperfections qui affectent ces poteaux. Cette méthode est limitée au calcul des poteaux mixtes de section uniforme sur toute la hauteur et de section doublement symétrique. Elle est basée sur les hypothèses classiques (il y a une interaction totale entre la section en acier et la section de béton jusqu'à la ruine, les imperfections géométriques et structurales sont prises en compte dans le calcul, les sections planes restent planes lors de la déformation du poteau). Le règlement européen EC4 utilise des coefficients de sécurité dans l'estimation de la capacité portante pour prendre en compte l'effet des défauts géométriques est éviter toute surprise d'erreurs de fabrication ce qui causera dans la plus part des cas une sous estimation de la capacité portante de ce type des poteaux.

Concernant la méthode des éléments finis qui est une méthode approchée de résolution numérique des équations différentielles, supposant que le comportement de l'acier est élastique parfaitement plastique, et le béton comme un matériau homogène hors qu'il est hétérogène réellement. La prise en compte d'effet des défauts géométriques (contrainte résiduelle) est faite par l'inclusion d'un coefficient pénalisant la contrainte d'écoulement de l'acier, hors que pour avoir un comportement proche au réel (essais) il faut prendre dans le modèle la géométrie réelle de la section avec ces défauts, ceci est difficile à réaliser c'est pour ça on a utilisé une méthode simplifiée. En résumé, ces deux méthodes (éléments finis et eurocode4) restent des méthodes approchées d'estimation de la capacité portante et de présentation de mode d'instabilité avec une erreur acceptable par rapport à l'expérimental qui reste la méthode la plus exacte d'évaluation de la charge axiale de compression des poteaux mixtes.

A partir des cœfficients de corrélation calculés précédemment entre les différents résultats (Essais, Eléments finis et Eurocode4). Le diagramme de dispersion des points entre la charge axiale maximale de compression calculée par la méthode des éléments finis et celle déterminée par la prédiction de règlement euro code 4 ainsi que celui entre Essais – Eurocode4 et Essais – Eléments finis peuvent être ajustées par une courbe linéaire de la forme Y = a x+b comme le montrent les figures (IV.67), (IV.68) et (IV.69).

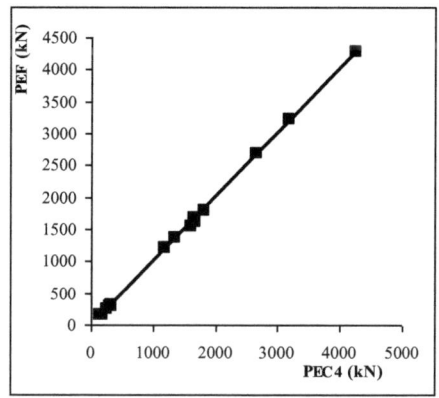

Fig. IV.67 : Relation P éléments finis – P euro code 4

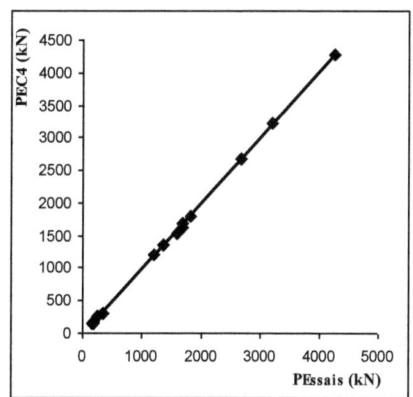

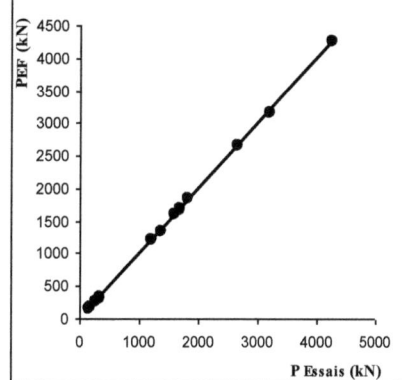

Fig. IV.68 : Relation P Essais – P euro code 4   Fig. IV.69 : Relation P Essais – P éléments finis

Le taux de contribution de l'acier dans la résistance des poteaux mixtes à la compression axiale de la première série des poteaux (P1, P2, P3 et P4) varie de 42% à 45%, et celui du béton varie de 55% à 58%. Le taux de participation de l'acier et du béton dans la capacité portante des poteaux mixtes de cette série diminue avec l'augmentation de l'élancement comme l'indique la figure (IV.70).

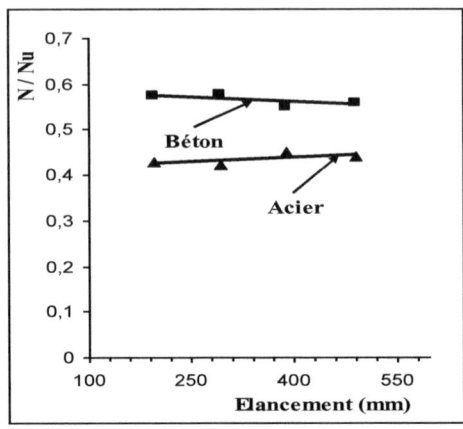

Fig. IV.70 : Contribution de l'acier et du
béton dans la résistance (Série P)

Pour le cas de la série des poteaux (CWL), le taux de contribution d'acier dans la résistance des poteaux mixtes varie de 39.7% à 57%, il augmente avec l'augmentation d'élancement. Le taux de participation du béton dans la résistance varie de 42.4% à 60.3% et contrairement à l'acier, il diminue avec l'augmentation de l'élancement (FigIV.71).

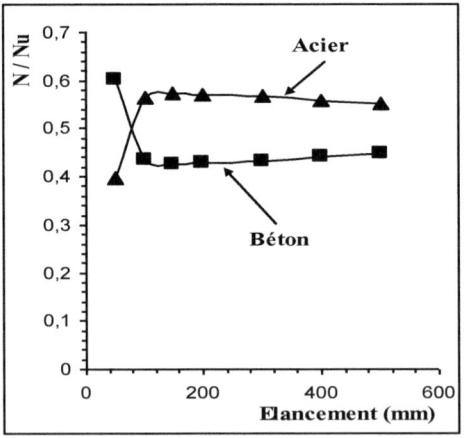

Fig. IV.71 : Contribution de l'acier et du
béton dans la résistance (Série CWL)

Concernant le taux de contribution de l'acier dans la résistance pour la deuxième série (série des poteaux S1nc) il varie de 45% à 56%, et celui du béton varie de 44% à 55%. Contrairement à la série précédente, le taux de participation de l'acier dans cette série augmente avec l'augmentation de l'élancement. Par contre celui du béton diminue avec l'augmentation de l'élancement (Fig. IV.72).

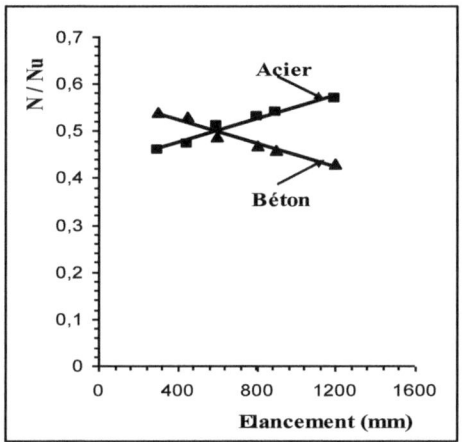

Fig. IV.72 : Contribution de l'acier et du
béton dans la résistance (Série S1nc)

Pour la série de poteaux RHS, le taux de contribution de l'acier dans la résistance des poteaux mixtes dont la résistance du béton logé est égale à 24 MPa varie de 59% à 87%, et de 13% à 41% pour béton, et celui des poteaux dont la résistance du béton logé est égale à 40MPa, il varie de 48% à 83% pour l'acier et de 17% à 52% pour le béton. Par contre celui des poteaux dont le béton logé a une résistance égale à 72MPa, il varie de 34% à 76% pour l'acier et de 24% à 66% pour le béton. (FigIV.73, FigIV.74 et FigIV.75).

Contrairement à la série de poteaux (S1nc, série de poteaux élancés), le taux de participation de l'acier dans la résistance dans la série (RHS) diminue avec l'augmentation de l'élancement, et le taux de contribution du béton augmente avec l'augmentation de l'élancement cela est dû à l'augmentation de la résistance et la section du béton logé (de 24MPa à 72MPa et de 5376mm^2 à 32625 mm^2).

133

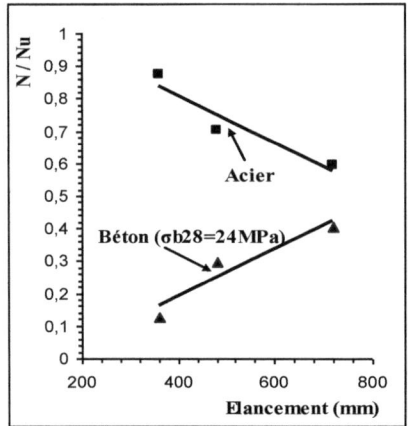

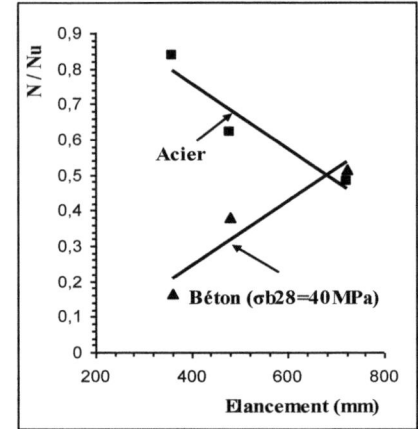

Fig. IV.73 : Contribution de l'acier et du béton dans la résistance (Série RHS)

Fig. IV.74 : Contribution de l'acier et du béton dans la résistance (Série RHS)

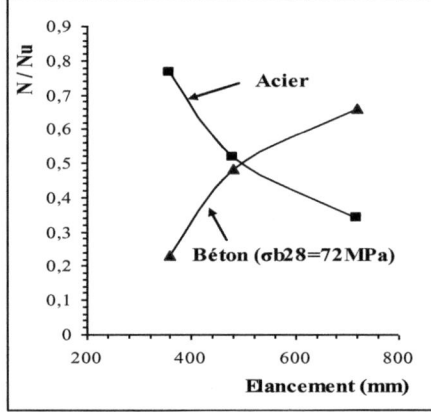

Fig. IV.75: Contribution de l'acier et du béton dans la résistance (Série RHS)

Le rapport entre contrainte d'acier participante à la résistance des poteaux mixtes et la contrainte d'écoulement d'acier f_y, ainsi que le rapport entre contrainte du béton logé et sa résistance en compression à 28 jours en fonction de l'élancement des poteaux de la première série (testés par **Ferhoune** et **Zeghiche**) nous permis de conclure que les deux rapports diminuent avec l'augmentation de l'élancement. Le rapport σ_s / f_y varie de 0.55 à 0.61 et celui de σ_b / σ_{b28} varie de 1.06 à 1.48 ce qui nous implique qu'il y a une augmentation de résistance du béton logé à la compression par rapport à sa résistance à 28 jours cela est dû essentiellement à l'effet du temps sur la résistance du béton (il faut noter que ces poteaux ont étaient testés après 3ans de conservation) (FigIV.76).

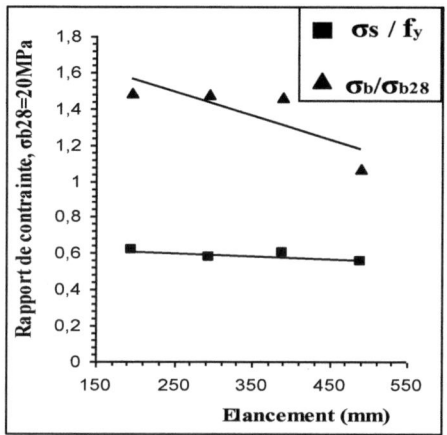

Fig. IV.76 : Rapport contrainte – Elancement
(Série de *Ferhoune* et *Zeghiche*)

A partir de la figure (IV.77) qui concerne le rapport de contrainte d'acier σ_s / f_y et celui du béton σ_b / σ_{b28} en fonction de l'élancement des poteaux de la série testée par **Beggas** et **Zeghiche**, on peut dire que ces deux rapports diminuent avec l'augmentation de l'élancement. Le rapport σ_s / f_y varie de 0.7 à 0.98 et celui de béton σ_b / σ_{b28} varie de 0.87 à 2.32. On remarque ici qu'il y a une augmentation de résistance du béton logé par rapport à sa résistance en compression à 28 jours. Dans le cas des poteaux d'élancement 50mm et 100mm, ces taux d'augmentation sont respectivement $2.32\sigma_{b28}$ et $1.1\sigma_{b28}$, cela est dû à l'effet de confinement qui est dans ce cas est remarquable pour le cas des poteaux très courts.

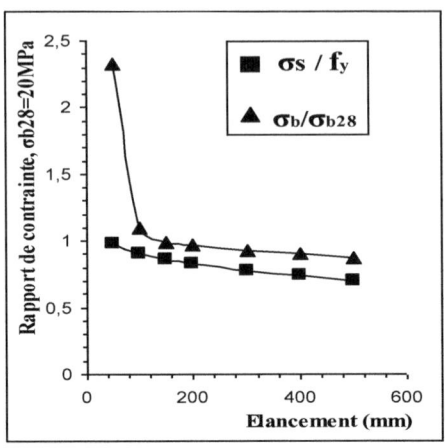

Fig. IV.77 : Rapport contrainte – Elancement
(Série de *Beggas* et *Zeghiche*)

Pour la troisième série des poteaux testés par *Khandaker M.* et *Anwar Hossain* les deux rapports de contrainte diminuent aussi avec l'augmentation de l'élancement, avec une diminution moins rapide du rapport de contrainte d'acier σ_s / f_y par rapport à celle du béton σ_b / σ_{b28}. On remarque ici que dans le cas des poteaux de section carrée, le béton est confiné pour les déférents élancements contrairement au cas précédent des poteaux de section rectangulaire.

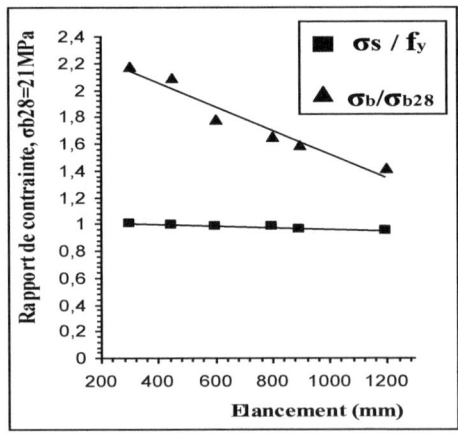

Fig. IV.78 : Rapport contrainte – Elancement
(Série de *Khandaker M.* et *Anwar Hossain)*

Le taux d'augmentation de la résistance du béton varie de 1.41 σ_{b28} à 2.17 σ_{b28} par contre le taux de diminution de la contrainte d'acier varie de 0.95 f_y à 0.99 f_y.

Dans la quatrième série qui concerne les travaux de *Lam* et *Williams*, les deux rapports de contrainte (σ_s / f_y, σ_b / σ_{b28}) diminuent avec l'augmentation de l'élancement. Le rapport de contrainte du béton σ_b / σ_{b28} est fortement influencé par la résistance du béton logé à 28 jours ainsi que par la géométrie de la section. A partir des figures (IV.79, IV.80 et IV.81) on déduit que plus la résistance du béton loger à 28 jours ainsi la section d'acier augmente plus le béton sera mieux confiné. Le taux d'augmentation de la résistance du béton varie de 1.58 σ_{b28} à 1.91 σ_{b28} et le taux de diminution de la contrainte d'écoulement de l'acier varie de 0.72 f_y à 0.94 f_y.

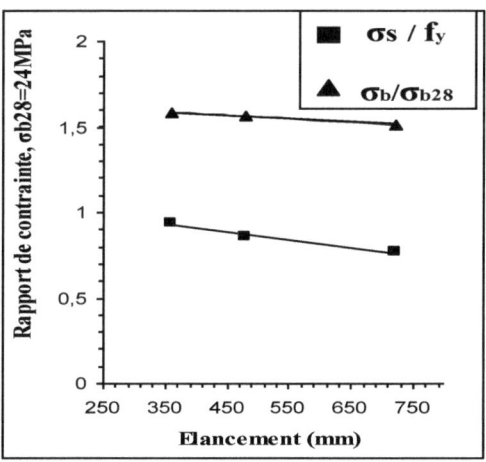

Fig. IV.79 : Rapport contrainte – Elancement
(Série de *Lam* et *Williams*) (σ_{b28}=24MPa)

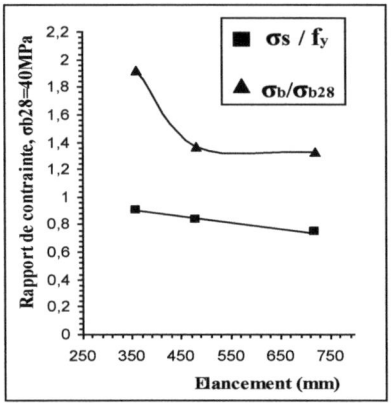

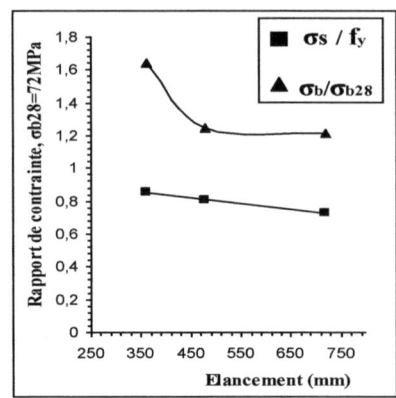

Fig. IV.80 : Rapport contrainte - Elancement (Série de *Lam* et *Williams*) (σ_{b28}=72MPa)

Fig. IV.81 : Rapport contrainte - Elancement (Série de *Lam* et *Williams*) (σ_{b28}=40MPa)

La dernière série concerne les poteaux testés par *Shakhir Khalil* et *J.Zeghiche*, dans cette série on constate qu'il y a une diminution de rapport de contrainte que ce soit du béton ou d'acier avec l'augmentation de l'excentrement de la charge soit selon l'axe fort (yy) ou selon l'axe faible (xx). On remarque aussi que le confinement du béton est fortement influencé par l'excentrement de la charge, plus l'excentricité n'augmente et plus le béton sera moins confiné ce qui veut dire que le rapport entre la contrainte du béton logé et sa résistance en compression à 28jours diminue. Le rapport σ_b / σ_{b28} varie de 1.047 à 0.405 pour un excentrement selon le grand coté et de 1.047 à 0.339 pour un excentrement selon le petit coté, et celui de l'acier σ_s / f_y varie de 0.361 à 0.151 pour un excentrement selon l'axe (xx), et de 0.361 à 0.157 pour un excentrement selon l'axe (yy) (FigIV.82 et FigIV.83).

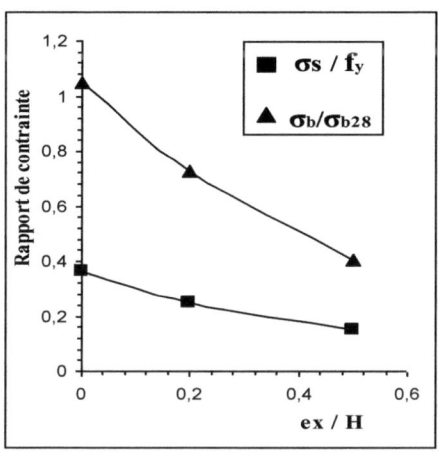

Fig.IV.82 : Rapport contrainte – Excentrement de la charge selon l'axe (xx)
(Série de *Shakhir Khalil* et *J.Zeghiche*)

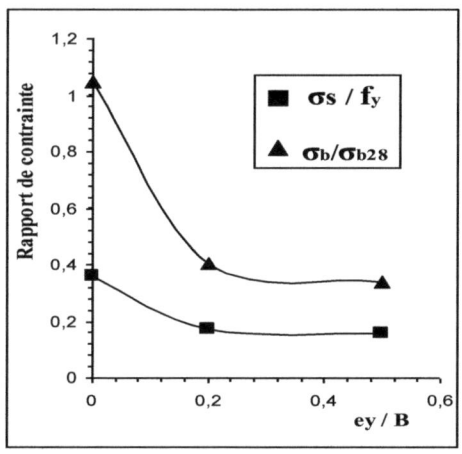

Fig.IV.83 : Rapport contrainte-Excentrement de la charge selon l'axe (yy)
(Série de *Shakhir Khalil* et *J.Zeghiche*)

CONCLUSION GENERALE

Dans notre travaille nous avons essayé de développer un modèle qui concerne l'analyse non linéaire géométrique et matérielle des poteaux en acier a différent rigidité remplis du béton a différent résistance. Pour cela nous avons supposé que le comportement de l'acier est élastique parfaitement plastique en utilisant le critère de Von – Mises. Concernant le béton qui est supposé confiné par la section d'acier nous avons pris comme critère le critère est de Drucker - prager. La modélisation a été faite en utilisant le logiciel ABAQUS (version 6.5) qui est un programme en éléments finis puisant dans le calcul non linéaire, l'acier a été modélisé par des éléments coque à quatre nœuds appelé dans le code Abaqus « S4R » par contre le béton est modélisé en éléments solides à huit nœuds appelé dans le code Abaqus « C3D8 ». Le contact entre l'acier est le béton est supposé partielle avec un coefficient de frottement égale a 0.25. La comparaison des différent résultats obtenue par la méthode des éléments finis avec ceux donner expérimentalement et par la prédiction de règlement euro code 4 ont montrés la bonne concordance des résultats entre ces dernier ce qui nous a permis de conclure :

- Le modèle choisis pour l'analyse non linéaire des poteaux mixte a montré sa performance au point de vue capacité portante et mode de flambement ;
- La résistance des poteaux mixtes à la compression axiale est fortement influencée par caractéristiques géométrique et matérielle des matériaux constituants ;
- La nature de la soudure (continue ou discontinue) à un effet important sur la capacité portante des poteaux mixtes ainsi que sur la localisation de flambement ;
- La résistance des poteaux mixtes en compression axiale augmente avec la diminution de l'élancement ;
- La capacité portante des poteaux mixte prédite par le règlement euro code 4 est à coté de sécurité ;
- Les résultats de la modélisation numérique ont montré clairement que le mode d'instabilité des poteaux courts ($\lambda \leq 0.2$) est le flambement local par contre le mode d'instabilité des poteaux élancés est le flambement générale ;
- Les relations entre la charge axiale maximale de compression des poteaux mixtes prédite par le règlement eurocode4 est celle calculé par la méthode des éléments finis, entre Essais – Eurocode4 et Essais – Eléments finis sont linéaire de la forme y=ax+b ;
- Le logiciel ABAQUS a montré sa grande performance et sa rapidité dans le calcul non linéaire.

RECOMMANDATIONS

Pour des travaux future étendue a notre travaille nous suggestions d'étudier :

- Etudier expérimentalement et numériquement le comportement des poteaux mixtes courts sous chargement excentré ;

- L'utilisation des sections en acier rempli de béton comme des éléments de poutre ;

- Etudier expérimentalement et numériquement le comportement de ce type de poteaux sous chargement de feu ;

- Mené une comparaison de la capacité portante des poteaux en acier rempli de béton a base de laitier cristallisé prédite par les différents règlements de calcul (européen, Britich standart, ACI, règlement Chinois,…...etc) ;

- Etudier le comportement dynamique des poteaux mixtes.

Références Bibliographiques

[1]   J.Janss, R.Bally, Dimensionnement des colonnes mixte acier-béton, C.M N°3, 16P, (1977)

[2]   J. Zeghiche, Dr. H. Shakir-Khalil, Experimental behaviour of concrete-filled rolled rectangular hollow section columns, Journal of the institution of the structural engineer pp346-353, (1989)

[3] H.S.Khali and Mouli, Further tests on concrete-filled rectangular hollow section columns, Journal of the structural engineer, 68, N°20, pp405-413, (1990)

[4] H.S.Khalil, Push-out strength of concrete filled steel hollow section, Journal of the structural engineer, 71, N°13, pp234-241, (1993)

[5]   U.G.L.Prion, J.Boehme, Behaviour of steel tubes filled with high-strength concrete, Canadian journal of civil engineering, N°2, pp207-218, (1994)

[6]   S.Eltawil, C.F.Sanzpicon and G.C.Deirlein, Evaluation of ACI-318 and AISC (LRFD) strength provisions for composite columns, Journal of structures engineering, N°3, pp209-213, (1995)

[7] Shan Tong Zhong, The Comparison of Behaviours for Circular and Square Concrete-Filled Steel Tube (CFST) Under Axial Compression, Journal of Engineering Mechanics Division, pp 199-206, (1995)

[8] Amir Mirmiran and Mohsen Shahawy, A new concrete-filled hollow FRP composite column. Elsevier Science Limited Printed in Great Britain. Part B 27B pp 263-268, (1996)

[9]   P.R.Munor and C.C.T.HSU, Behaviour of biaxially loaded concrete-encased composite columns, Journal of structures engineering-ASCE, N°12646, pp1163-1171, (1997)

[10] V.K.R. Kodur, Performance of high strength concrete-filled steel columns exposed to fire, Can. J. Civ. Eng. 25: 975–981, (1998)

[11] Y.C.Wang, Tests on slender composite columns, Journal of steel research, 49, N°1, pp25-41, (1999)

[12] J F Hajjar, Concrete-filled steel tube columns under earthquake loads, Prog. Struct. Engng Mater, 2: 72–81, (2000)

[13] M. Hilmi Acar, Viscoelastic Behaviour of Composite Piles Used in the Construction of Quays, Turkish J. Eng. Env. Sci. 26, pp 419 – 427, (2002)

[14] Hsuan-Teh Hu, Numerical Analysis of Concrete-Filled STEEL Tubes Subjected to Axial Force, (Review 2002)

[15] Shosuke Morino and Keigo Tsuda, Design and Construction of Concrete-Filled Steel Tube Column System in Japan, Earthquake Engineering and Engineering Seismology, Vol. 4, N°1, (2002)

[16] Kefeng Tan, Mechanical Properties of High Strength Concrete Filled Steel Tubular Columns: Part 1 - Concentrically Loaded, ACI Journal, (2002)

[17] Mohanad Mursi, Brian Uy, M.ASCE, Strength of Concrete Filled Steel Box Columns Incorporating Interaction Buckling, Journal of Structural Engineering ASCE, pp 626-639, (2003)

[18] Michel Bruneau, Julia Marson, Seismic Design of Concrete-Filled Circular Steel Bridge Piers, Journal of Bridge Engineering ASCE, pp 24- 34, (2004)

[19] Cheng Xiao-dong, Three-dimensional nonlinear analysis of creep in concrete filled steel tube columns, Journal of Zhejiang University Science, pp 826-835, (2005)

[20] Julia Marson, Cyclic Testing of Concrete-Filled Circular Steel Bridge Piers having Encased Fixed-Based Detail, Journal of Bridge Engineering © ASCE / (2004)

[21] J.Zeghiche, K.Chaoui, An experimental behaviour of concrete-filled steel tubular columns , Journal of constructional steel research, N°61, pp53-66, (2005)

[22] Chen Heng-zhi, Numerical analysis of ultimate strength of concrete filled steel tubular arch bridges, Journal of Zhejiang University Science, pp 859-868, (2005)

[23] Z. Bassam, Enhancing Filled-tube Properties by Using Fiber Polymers in Filling Matrix, Journal of Applied Sciences 5 (2): 232-235, (2005)

[24] D.J. Chaudhary, Vishal C. Shelare , Seismic Analysis of Concrete Filled Steel Tube Composite Bow- String Arch Bridge Advances in Bridge Engineering, March 24 - 25, (2006)

[25] J. Zeghiche et N. Ferhoune, Résistance a la compression des tubes laminés a froids et soudés remplis de béton a base de granulats de laitier, $6^{\text{ème}}$ Séminaire national de mécanique a Annaba, (2006)

[26] J. Zeghiche et N. Ferhoune, Experimental behaviour of concrete-filled thin welded steel stubs axially loaded cases, 6th International conference steel and aluminium structures ICSAS'07, Oxford Brookes University, (2006)

[27]George D. Hatzigeorgiou, 'Numerical model for the behaviour and capacity of circular CFT columns, Part II: Verification and extension', Engineering Structures, Volume 30, Issue 6, Pages 1579-1589, (2008)

[28] Manojkumar V. Chitawadagi, ' Axial strength of circular concrete-filled steel tube columns, DOE approach', Journal of Constructional Steel Research, Volume 66, Issue 10, p 1248-1260, (2010)

[29] O.C. Zienkiewicz. The finite element method for solid and structural mechanics, Elsevier Butterworth-Heinemann, Sixth edition, (2005)

[30] Khandaker M, Anwar Hossain. Axial load behaviour of thin composite columns, Elsevier Composites: Part B 34 715–725, (2003)

[31] Lam D, Williams CA. Experimental study on concrete filled square hollow sections. Steel Composite Struct, vol 4(2): 59–112, (2004)

[32] Abaqus Standard User's Manual. Hibbitt, Karlsson and Sorensen, Inc. vol. 1, 2 and 3, Version 6.4, USA, (2004)

[33] Ellobody E, Young B, Lam D. Behaviour of normal and high strength concrete-filled compact steel tube circular stub columns. J Construct Steel Res, Elsevier Science, 62(7):706–15, (2006)

[34] Hu HT, Huang CS, Wu MH, Wu YM. Nonlinear analysis of axially loaded concrete-filled tube columns with confinement effect. J Struct Eng, ASCE, 129(10):1322–9, (2003)

[35] Liu D, Gho WM, Yuan J. Ultimate capacity of high-strength rectangular concrete-filled steel hollow section stub columns. J Construct Steel Res, 59(12):1499–515, (2003)

[36] Hossain KMA. Performance of volcanic pumice concrete with especial reference to high-rise composite construction. In: Dhir RK, Jones MR, editors. Innovation in concrete structures: design and construction. London, UK: Thomas Telford Publishing, Thomas Telford Limited; p. 365–74, (2000)

[37] Eurocode 4 (1994), Design of Composite Steel Concrete Structures: Part 1.1. General Rules and Rules for Buildings, DD ENV -1-1, BSI, London, (1994)

[38] Yeh, Y.-K., Liu, G.-Y., Su, S.-C., Huang, C. S., Sun, W.-L., and Tsai , K. C. (2001), "Experimental Behavior of Square Concrete-Filled Steel Tubular Beam-

Columns Stiffened by Interior Tie Bars," Proc. 1st Int. Confer. Steel & Composite Structure, 1171-1178, Pusan, Korea, June 14-16, (2001)

[39] Huang, C. S., Yeh, Y.-K., Liu, G.-Y., Hu, H.-T., Tsai, K. C., Weng, Y. T., Wang, S. H., and Wu, M.-H. "Axial Load Behavior of Stiffened Concrete-Filled Steel Columns," J Structural Eng., ASCE, 128(9), 1222-1230, (2002)

[40] Young B, Lui WM. Experimental investigation of cold-formed high strength stainless steel compression members. In: Proceedings of the 6th international conference on tall buildings, p. 657–65, (2005)

[41] Sakino K, Nakahara H, Morino S, Nishiyama I. Behavior of centrally loaded concrete-filled steel-tube short columns. Journal of Structural Engineering, ASCE, 130(2):180–8, (2004)

[42] Djamel Beggas, Jahid Zeghiche, Experimental squash load of concrete-filled thin welded cold formed steel stubs with different welding fillets location, Revue des Sciences et de la Technologie, Université Badji Mokhtar Annaba, Algérie, Numéro 20, (Juin 2009)

[43] Thomson Marc, Champliaud Henri. Effect of residual stresses on modal parameters of welded structures, 23rd CMVA seminar, October 26-28, Edmonton, Alberta Canadian machinery vibration association, (2005)

[44] F. Belahcene. Détermination des contraintes résiduelles superficielles par méthode ultrasonore, Thèse de doctorat, UTC, Compiègne, France (2000)

[45] Richart FE, Brandzaeg A, Brown RL. A study of the failure of concrete under combined compressive stresses. Bull. 185. Champaign, IL, USA: University of Illinois Engineering Experimental Station, (1928)

[46] Hu HT, Schnobrich WC. Constitutive modeling of concrete by using nonassociated plasticity. J Mater Civil Eng, vol1(4): p199–216. (1989)

[47] ACI. Building code requirements for structural concrete and commentary. ACI 318-99, American Concrete Institute, Detroit, USA, (1999)

[48] J. Zeghiche, 'Essais sur le comportement des profiles minces en acier lamine a froid et soudes vides ou remplis de béton', Rapport interne, Laboratoire de Génie Civil, Université de Annaba, (2007)

[49] Knowles, R.B, and Park, R, "Strength of Concrete Filled Steel Tubular Columns," Journal of the Structural Division, ASCE, Vol. 95, No. ST12, 2565-2587. (1969)

[50] Liang, Q.Q, and Uy, B, "Theoretical Study on the Post-Local Buckling of Steel Plates in Concrete-Filled Box Column," Computers and Structures, Vol. 75, No. 5, 479-490. (2000)

[51] Mander, J. B., Priestley, M. J. N., and Park, R. (1988), "Theoretical Stress-Strain Model For Confined Concrete," Journal of Structural Engineering, ASCE, Vol. 114, N° 8, pp 1804-1823, (1988)

[52] S. Morino, "Recent Developments in Hybrid Structures in Japan - Research, Design and Construction," Engineering Structures, Vol. 20, No. 4-6, 336-346, (1998)

[53] Richart, F. E, Brandtzaeg, A., and Brown, R. L. A Study of the Failure of Concrete under Combined Compressive Stresses, Bulletin 185, University of Illinois Engineering Experimental Station, Champaign, Illinois, (1928)

[54] Schneider, S. P. "Axial Loaded Concrete-Filled Steel Tubes," Journal of Structural Engineering, ASCE, Vol. 124, No. 10, 1125-1138, (1998)

[55] Saenz, L. P., Discussion of "Equation for the stress-strain curve of concrete" by Desayi, P, and Krishnan, S, ACI Journal, Vol. 61, 1229-1235, (1964)

[56] Shams, M., and Saadeghvaziri, M. A. (1997), "State of the Art of Concrete-Filled Steel Tubular Columns," ACI Structural Journal, Vol. 94, No. 5, 558-571.

[57] Uy, B. "Local and Post-Local Buckling of Concrete Filled Steel Welded Box Columns," Journal of Constructional Steel Research, Vol. 47, No. 1-2, 47-72, (1998)

[58] Wu, M.-H. Numerical Analysis of Concrete Filled Steel Tubes Subjected to Axial Force, M.S. Thesis, Department of Civil Engineering, National Cheng Kung University, Tainan, Taiwan, R.O.C, (2000)

[59] Zhang, W., and Shahrooz, B. M. "Comparison between ACI and AISC for Concrete-Filled Tubular Columns," Journal of Structural Engineering, ASCE, Vol. 125, No. 11, 1213-1223, (1999)

[60] AS 3600. Standard Association of Australia: Concrete Structures, (1988).

[61] Sun YP, Sakino K. Modelling for the axial behaviour of high strength CFT columns. Proceedings of the 23rd Conference on our World in Concrete & Structures, Singapore, pp 179–86, (1998)

[62] BS5400, Steel, concrete and composite bridges: part 5: Code of practice for design of composite bridges. British Standard Institution, (1979)

[63] Architectural Institute of Japan (AIJ). Recommendation for design and construction of concrete filled steel tubular structures, (1997)

[64] Southwell, R. V. On the Analysis of Experimental Observations in Problems of Elastic Stability, Proc. Royal Soc. London (A), 135, 601-616, (1932)

[65] Strongwell Design Manual, Strongwell, Bristol, VA, (1994)

[66] Thompson, J. M. T. and Hunt, G. W. A General Theory of Elastic Stability, Wiley, London, (1973)

[67] J. Tomblin, E. J. Barbero. Local Buckling Experiments on FRP Columns, Thin-Walled Structures, 18, 97-116, (1994)

[68] Vakiener, Zureick, A, and Will, K. M., Prediction of Local Flange Buckling in Pultruded Shapes by Finite Element Analysis, 310-312, Advanced Composite Materials, ASCE, NY? (1991)

[69] Yuan, R. L., Hashen, Z., Green, A. and Bisarnsin, T., Fiber-reinforced Plastic Composite Columns, Adv. Composite Materials in Civil Eng. Structures, 205-211, ed. S. L. Iyer, ASCE, Las Vegas, NV, 31 Jan-1 Feb, (1991)

[70] Zureick, A. and D. Scott. Short-Term Behavior and Design of Fiber Reinforced Polymeric Slender Members under Axial Compression, ASCE Journal of Composites for Construction, 14, 140- 149, (1997)

[71] Sinha, B. P., Gerstle, K. H., and Tulin, L. G. "Stress-strain relations for concrete under cyclic loading," Am. Concr. Inst. J., Vol. 61, No. 2, pp. 195-211, (1964)

[72] Hoshikuma, J., Kawashima, K., Nagaya, K. and Taylor, A. W. "Stress-strain model for confined reinforced concrete in bridge piers," J. Struct. Engrg, ASCE, Vol. 123, No. 5, pp. 624-633, (1997)

[73] Priestley, M. J. N., F. Seible, G. M. Calvi, "Seismic Design and Retrofit of Bridges," John Wiley & Sons, Inc, pp. 686, (1996)

[74] Naghadi, "P.M. fondations of elastic shell theory", Progress in solid mecanics. Vol 4, p1-90 north Holland, (1963)

[75] Koiter, "G. fondations of shell theory", Proceding of thirteen inter congress of theoretical and applied mechanics. Moscou, p39-71, (1972)

[76] Frey, "Analyse des structures et milieux continues", vol 5, presses polytechniques et universitaire Romandes, (2000)

[77] Batoz, "Linear analysis of plates and shells using a new 16 degrees of freedom flat shell element". Computer and Structures. Vol 78, p11-20, (2000)

[78] Forest, « Mécanique des milieux continues ». Ecole des mine de paris, (2006)

[79] Lee, Nukulchai, "A nine-node assumed strain finite element for large-deformation analysis of laminated shells", Int. J. Numer. Meth. Engn. Vol 42, p777-798, (1998)

[80] Han, "Geometrically non linear analysis of arbitrary elastic supported plates and shells using an element based lagragian shell element", International journal of non linear mechanics. Vol 43, p53-64, (2008)

[81] Zhang, Cheung, "A refined non linear non-conforming triangular plate/shell element", Int. J. Nume. Meth. Engng. Vol 56, p2387-2408, (2003)

[82] Andrade, "Geometrically non linear analysis of laminate composite structure", Composite Structure, Vol 79, p 571-580, (2007)

[83] Chevalier, « Mécanique des systèmes et des milieux déformables », Ellipses/Edition Marketing S.A, (1996)
[84] Zhu, Zacharia, "A new one point quadrature, quadrilateral shell element with drilling degrees of freedom "Comput. Methods. Appl. Mech. Engng. Vol 136, p 165 – 203, (1996)

[85] Kolahi, Crisfield, "A large strain elasto plastic shell formulation using the Morley triangle", Int. J. Nume. Meth. Engng, Vol 52, p 829-849, (2001)

[86] Brunet, Sabourin, "Finit element analysis of rotation rotation free 4 node shell element", Int. J. Nume. Meth. Engng, Vol66, p 1483-1510, (2006)

[87] Kim "A 4 node co-rotational shell element for laminated composite structure", Composite and Structures, Vol 80, p 234-252, (2007)

[88] Boisse, "Computation of thin structures at large strains and large rotations using a simple co isoparametric three node shell element", Composite and Structures, Vol 58, p 249-261, (1996)

[89] Hong, "An assumed strain triangular curved solid shell element formulltation for plates and shells undergoing finite rotations",. J. Nume. Meth. Engng, Vol52, p 747-761, (2001)

[90] Wisniewski, Turska, "Enhanced allman quadrilateral for finite drilling rotations", Comput. Methods. Appl. Mech. Engrg, Vol 195, p 6086-6109, (2006)

[91] Pacoste, "Co rotaional flat facet triangular element for shell instability analyses", Comput. Methods. Appl. Mech. Engrg, Vol156, p 75-110, (1998)

[92] D. Boutagouga, Mémoire de Magister, Université Annaba, (2008)

[93] Khorsavi, "An efficient facet shell element for corotational nonlinear analysis of thin and moderately thick laminated composite structure", Computers and Structures, Vol 86, p 850-858, (2008)

[94] M. Ben Tahar, « Contribution a l'étude et la simulation du procède d'hydroformage », Thèse de doctorat, L'école des mines de paris, p 260, (2005)

Printed by Books on Demand GmbH, Norderstedt / Germany